①

②

③

④

⑤

⑥

⑦

①千曲川の源流，②上流，③中流まで

④琵琶湖から流出する宇治川，および木津川，桂川が合流し，淀川となって大阪湾に注ぐ

⑤黒部ダム　黒部川上流部に造られたアーチ型ダム

⑥長良川河口堰　平成７年に造られた総延長661mの可動堰

⑦利根川河口堰　昭和46年に東京，埼玉，千葉などの都市用水の供給源として造られた

新・生態学への招待

河川の生態学

沖野外輝夫／著

共立出版株式会社

本書の口絵に掲載した④〜⑦の写真については原典不明。

はじめに

本書は、企画された時には前シリーズの小泉晴明先生の著書と同様に「河川、湖沼の生態」として一冊の予定でした。しかし、書き始めてみて小泉晴明先生の出版された一九七〇年代に比べると、湖沼の研究にしても、河川の研究にしても、生態学的な研究が大きく進展し、その内容を紹介するには一冊では収容しきれないことがわかりました。河川に関しては特に最近の研究の進展が急で、研究の範囲も水中だけでなく河川敷の範囲ではありますが、陸域にまで研究が拡がっています。ましてや生態系という概念で河川を捉えるとなると水中に限ることはできないということに気づいたのは執筆も終りに近づいてからのことでした。そこで、急遽「河川、湖沼の生態学」を河川と湖沼に分離し、二分冊とすることになりました。それだけ両者の研究が進展し、一般の関心も河川、湖沼それぞれに高まってきている時代背景にあると言えましょう。

筆者の研究主題は、諏訪湖を中心として、湖沼の生態系について物質循環を軸にした解析をしようとするものでした。その研究内容を中心にして本シリーズ「湖沼の生態学」で湖沼の生態学上の研究について紹介したところです。実は、筆者が水域の生態学研究に手を染めた最初のテーマは多摩川をフィールドとした河川の基礎生産力研究でした。当時、東京都立大学理学部の生物学科に在籍し、宝月欣二先生からいただいた卒業研究の課題が「河川の基礎生産力研究」です。何もわからない学部学生が対応するには大きすぎる課題です。闇雲に多摩川へ出かけ、付着藻類を採取し、顕微鏡で観察することから始めたわけですが、その結果は無惨なもので、せっかくセットした石は台風の来襲でしばしば流出、まともな結果を得ることができませんでした。そこで、室内に手作りの閉鎖型模型河川を作って、付着藻類による生産力測定に挑戦してみたのですが、材料も粗末、技術も未熟な大学院修士課程の学生の筆者にとってはこれまた手に余る課題でした。またまた惨敗の憂き目をみることになりました。見るに見かねた宝月先生の示唆で、ちょうど開始された生物学事業計画（ＩＢＰ研究）の研究対象となっていた諏訪湖の生物生産力研究に転向、以後湖沼研究を続けてきたという経緯があります。

そのような経緯から筆者自身も河川の生態学研究については気になっていたのですが、腰を据えて再度挑戦するまでには至りませんでした。諏訪湖研究も一段落つきかけた一九九四年、当時財団法人自然環境研究センター理事長をされていた大島康行先生から突然河川の生態学研究グループへのお誘いをいただきました。大島先生は筆者が東京都立大学の大学院で河川研究に悪戦苦闘していた時、同大学の生態学研究室の助手の立場で、終始励ましてくださったのですが、その時の研究を完成させようとのご配慮もあったのだと思います。それよりも修士論文を完成しろという指示であったのかもしれません。筆者自身もそこが気になっていたことでもあり、河川の生態学研究に再挑戦することになりました。研究室も諏訪湖から松本の信州大学理学部の新学科、物質循環学科に移ったこともきっかけの一つです。以後、研究室の学生諸君と一緒に河川の生態学研究を一から始めることになりました。フィールドは大島先生をリーダーとする「河川生態学術研究委員会」が選定した日本一の河川、千曲川です。

この千曲川で他の専門分野の研究者と共に研究を始めた直後、一九九八年の京都大学における生態学会の大会会場で岩城英夫筑波大学名誉教授と共に共立出版の斉藤英明氏から本シリーズの新版出版のお話を伺ったのが本書執筆のきっかけでした。その後の河川生態研究の進展は予想以上で、多くの研究者が河川というフィールドに関心を持ち、関連学会での河川関連の研究発表は年を追うごとに多くなっています。これが本書執筆に大きなストレスともなりました。前シリーズでは湖沼と河川の生態を一括して紹介していますが、湖沼、河川という特性の異なる生態系を一冊にまとめると、どうしても中途半端な紹介にならざるをえません。そんな時に編集担当の斉藤英明氏から河川と湖沼を分離して独立させてはというご提案をいただき、渡りに舟と二分冊に分離することにしました。

しかし、独立させた「河川の生態学」ですが、筆者自身の専門のみでは河川の生態学全体を紹介することには無理があります。すでに同名の著書が水野信彦先生と御勢久右衛門先生の共著で出版されています。そこで、筆者の専門である基礎生産と生態系を中心にまとめ、他の分野についての詳細は他書を参考にしていただくことにしました。筆者の勝手な言い分ではありますが、河川という水域が生態学研究では発展途上にあり、さらに複合した生態的場であるとご理解いただければと考えています。

一九八三年、文部省（当時）科学研究費海外学術研究の一環でネパール西部、標高三、〇〇〇メートルのプレヒマラヤの高地にあるララ湖という断層湖に研究旅行に出かけました。湖の話はさておき、調査の目的が終了して湖からの帰途、時期的に雨期にかかっていたことでジュムラという村で予定していた飛行機に乗ることができず、標高一〇〇〇メートルのインド国境、ネパールガンジという町まで歩いて帰る羽目になりました。同行者は現在山形大学理学部教授の佐藤泰哲氏です。およそ三、〇〇〇メートルの高地から一〇〇メートルの低地まで直線距離で二〇〇キロメートル、下りだからという安易な考えでの決断だったのですが、結果は散々たるもので、辿り着いた時には二人共に栄養失調と疲労で、体重は一〇キログラム以上の減量成功というものでした。

しかし、成果もありました。現地はガンジス川の源流の一つカルナリ渓谷に沿って開削されたチベットからの古い街道です。当然、途中には峠あり、川ありです。せっかくの街道下りで途中の水を測らない手はないと（休む口実には絶好です）、山からのわき水があればその水を測り、川を渉ればその水を測りました。

とは言っても測れるのは携帯している電気伝導度とpHの二つの項目でしかありません。pHについては同行の佐藤氏が川に落ちて，途中から測定不能になりましたが，電気伝導度については帰りの始点ララ湖から終点ネパールガンジまでの全行程を測ることができました。それまではネパールの水は電気伝導度が高いものと思っていましたが，水源地域の植生が密に保存されている地域の水の電気伝導度は日本の水源地と同様に五〇マイクロジーメンス以下ということを確認することができました。まさに良い水，おいしい水です。ところが南に降り，人家が増え，斜面に畑地が増え，逆に森林が疎になると共に，電気伝導度は数百マイクロジーメンスへと急激に増加していきました。さらに低地に近づき熱帯の乾燥地帯に近づくと地下水でも電気伝導度は千マイクロジーメンスを超えます。この時に得た教訓は川を知るには流域の状況をまずは知ること，川の研究もその研究対象範囲を流域に広げることが必要と言うことでした。本書には流域研究についてまでは含めることができませんでしたが，近い将来には河川の生態学研究が，流域研究にまで拡がり，人の生活と河川の生態系との関係をより良いものとすることができるようになるものと期待しています。

長野県知事田中康夫氏の「脱ダム宣言」を含めて，最近特に河川に対する関心が高まっているように思われます。前シリーズ，生態学への招待5「川と湖の生態」（小泉晴明著，1971）が出版された頃も河川，湖沼に関心が高まっていた時代背景があったからこそ企画されたのでしょう。当時の関心の中心は河川，湖沼の水質汚濁でした。しかし，最近の関心の範囲は水質ばかりでなく，河川生物の生活にまで拡がり，河川を生態系として見るようにもなってきています。さらにその関心が流域にまで拡がるようになれば，治水を主眼としてきた河川改修の工事手法そのものにも，水利用についても生態学的な視点を加えた変革の時を迎えることができるものと考えます。そのためには専門領域の異なる研究者がごく当たり前に共同研究を行い，一般の人たちが河川に関心を抱き，河川に近づき，河川を正しく理解することが必要と考えています。そのきっかけに本書が少しでも役に立てれば幸いと考えています。

最後に、編集の労をおかけし、筆者を終始励まして本書の出版に漕ぎつけてくださった共立出版㈱編集部の斉藤英明氏とそのきっかけを与えていただいた筑波大学名誉教授岩城英夫氏に心から感謝の意を表させていただきます。また、本書の完成には河川生態学術研究会の研究が大きく役立っています。その関係者各位には研究の場を与えていただいたことに心から感謝すると共に河川生態学術研究のさらなる発展と、近い将来に河川と人との良好な関係が築かれることを期待しています。

筆者記す

二〇〇二年十一月十日

もくじ

一、河川の形態と特性

千曲川中流域

河川と湖沼の違い

湖沼との違いは

河川が湖沼と根本的に異なる点は、当然のことですが水の動きにあります。一見すれば河川の水は流れていて、湖沼の水は停滞しています。しかし、よくよく見てみれば河川の水も動きの速い所、遅い所、一見流れていないように見える所もあります。一方の湖沼も微速ではあっても湖流があり、水は流入河川から流入した後、流出河川へと流れています。また、湖底には澪《みお》ができていることからもわかるように底層に流れのある場所もあります。そうなると、河川は水が流れている、湖沼は水が静止していると一概に区別することはできないと言えそうです。河川と湖沼の違いは水の動きからすれば連続的であり、水の動きの速いものが河川、遅いものが湖沼と言うことになります。

それでは河川と湖沼の水の動きから区分する境は流速でどの程度でしょうか。これはあまり明確な定義はないようです。人工的に作られたダムは本来は河川ですが、外観は湖沼ですし、人工的な堰き止め湖の範疇に入ります。しかし、国土交通省の扱いでは河川に区分されているものが多いようです。その定義としてはダムの水の平均滞留日数が二十日以上のものを湖沼扱いとしているようですが、確たる根拠はないようです。

天然の湖沼でも湖流の速さは秒速で一センチメートル以下のものが多いでしょうし、滞留日数も年平均で二十日以下という湖は多くないかもしれません。湖で優占する植物プランクトンの増殖速度は平均して七日で倍化するとされています。もし、湖水の滞留日数が七日以下であれば植物プランクトンが増殖できないことになりますから、その三倍程度の二十日の滞留日数というのは湖沼と河川を分ける一つの目安となる数字かもしれません。しかし、堀のような魚の多い水域では、植物プランクトンの増殖を抑制する動物プランクトンの量が少ないことから、滞留日数を三日以下にしないと植物プランクトンの増殖を防げないという例もあります。

植物プランクトンの増殖でもわかるように、水の流れが速いか、遅いかによって河川と湖沼ではその生態系の構造と機能が大きく異なります。表1-1には河川と湖沼の性質の違いを比較して示してみました。

河川の特色はこの表から見てもわかるように開放的で、変動が大きく、生物生産の場としては不安定であるという特徴が認められます。その環境の不安定さの上に河川独特の生物の生活が営まれていることを理解する必要があります。生物にとって、環境が不安定と言うことは必ずしも環境が悪いという同義語ではないということです。

河川の生態学的な調査

河川に関する研究史については上野（1977）[1]が以下のように記述しています。河川の生態学的な調査例の最初としては、アメリカのイリノイ川生物学実験所（一八九四年設立）によるイリノイ川についての総合調査があります。実験所設立の一八九四年から一九〇〇年にかけて行われた

表 1-1　河川と湖沼の性質の比較

機能			湖沼	河川
閉鎖性			強い（閉鎖的）	緩い（開放的）
蓄積力	水		調節作用大	調節作用小
	物質	底泥	累積的，非可逆的	一時的，可逆的
		水塊	定常的，変動小	非定常，変動大
生物生産の場			安定	不安定
生物学的分解の場			安定（好気，嫌気）	不安定（好気）
酸素の供給力			全体としては小	大
流送力			弱い	強い

この調査には「微小宇宙としての湖沼」で有名なフォルブスを筆頭に、スミス、コフォイド、リチャードソンらの生物学を専門にした研究者が参加しています。フォルブスはこの研究の成果をもとにして「一つの水系を対象とした生物学的調査―その目的、方法ならびに結果」(Forbes, 1928) を発表し、河川の生態学調査の指針を示しています。イリノイ川の研究は湖沼学でのフォーレルを筆頭にして行われたレマン湖の研究に匹敵する、河川での生態学的研究の先駆けと言えます。

その後、山地渓流での研究が欧米で盛んに行われるようになり、湖沼学で有名なティーネマン (1912) も山地渓流の水温、水質と生物群集の関係について研究報告を行っています。その他に、この分野での先鞭となるスタインマン (1907) による「山地渓流の動物相」を初めとして、フボオウルト (1927) の「急流性無脊椎動物の研究」、ホオラ (1930) による急流に棲む動物の適応に関する研究、「イエローストン国立公園渓流の生態学」(Muttkowski, 1929)、「カーディガンジャー渓流の生態学」(Carpenter, 1927)、「バウムベルグ地方の湧泉渓流の動物相」(Beyer, 1932) など、渓流動物に関する研究が相次いで発表されています。植物についても一九二〇年から一九三〇年代にかけて「渓流の植物色素」(Geitler, 1927)、「ボルガ河の生物相」(Behning, 1928)、「ライン河の植物相の研究」(Jaag, 1938) が発表されています。

わが国でも欧米の研究に刺激されて、一九三〇年代にその後のわが国の河川の生態学研究の先鞭となる研究が行われています。その最初となる研究が上野 (1935) による「上高地及び梓川水系の水棲動物」です。上野はこれら水生昆虫の研究過程で氷河時代の遺跡種としてのトワダカワゲラ (*Scopura longa*) を発見し、注目されました。同じ頃京都大学で研究を続けていた可児藤吉は渓流に棲む水生動物の生活と河川環境の関係を分析し、現在でも使われている河川形態の分類を提案していることはあまりにも有名な話です。また、当時可児と一緒に研究していた今西錦司による「棲み分け理論」が渓流河川の水生昆虫の生活型と河川形態との分析から導き出されたこともよく知られていることです。

河川の生態学的研究がどのような発端で始められたかは定かではありませんが、イリノイ河の研究が発端の一つとすれば、人間活動による河川の変化が動機となったと考えられます。しかし、その後の研究が渓流河川に移行していることをみると、水質と水生生物との関係をより基礎的な観点から分析しようという理学的な意図が見られるように思います。結果として、河川という環境と生物の生活の関係をより詳しく明らかにしようとする方向に河川の生態学的研究が発展することになったようです。

しかし、一方では水質と生物の生活の関係を分析し、河川環境の変化を生物学的な観点から研究する分野がコルクブィッツ（Kolkwitz, 1908）とマールソン（Marson, 1909）により開かれました。このコルクブィッツ・マールソンの腐水生物系（Saprobien system）は、その後、汚水生物学として発展することになります。

いずれにしても河川の生態学を知る上でも河川という環境がどのような特徴を持っているのか、その河川特有の環境と生物の生活の間にはどのような関係にあるのかをまずは知ることが必要です。

河川の基本構造

河川水と河床

河川の範囲としてはそれぞれの河川の堤防の内側、特に水が流れている部分をイメージする場合が多いのではないでしょうか。しかし、自然堤防がある場合も知られてはいますが、多くの河川の堤防は人間が河川の氾濫を防止する目的で人工的に作ったものです。本来の河川は氾濫の度に流路を変えて、平地部を自由に蛇行していたもので、現在私たちが見ている多くの河川は人為的に閉じこめられた河川と言えます。

そこで、まずは河川がどのような部分で構成されているかを生態学の視点から整理しておくことが必要に思われます。湖沼の場合と同様に、河川は河川水そのものと、その水体を入れる容器としての河床、両者によって構成されています。

河川水は、現実に流れとして見えている表流水と、河原全体の地下を流下し、表流水と常に出入りのある伏流水、これに加えて河川と陸域をつないでいる地下水の三者によって構成されています。河床についても、現実に水の流れている流路の河床と河川敷と称されている水路外の河原から構成されていると考える必要があります。もっと広く考えれば河川の後背地としての陸上も河川の影響域として省くことはできません（図１－１）。

- 河　川
  - 河川水（河道）
    - 表流水
    - 伏流水
    - 地下水（高水敷も含む）
  - 河　床
    - 河床（水中）
    - 河原（河川敷）

図 1-1　河川の構成

以上の考え方は当たり前のようですが、水の流れていない部分についてはとかく忘れられやすく、そのために河川が堤防で不自然に押し込められ、大きな災害を起こす原因を作ってきたのではないでしょうか。河川での物質の循環や物質の移動、河川生物の生活を理解するためには河川水路のみに偏った河川の見方を変える必要があります。河川の水質を考える場合にもそれぞれの河川の流域全体を、物質収支の視点で扱うことが必要です。河川が単なる水路と異なるのは河川としての構造があり、それによって多くの機能が潜在的に備わっているからです。

河川の機能

河川の重要な機能の一つとして水を含む物質の運搬作用があります。陸域から河川に流入した物質は物理化学的、または生物学的作用によって河床に一時的に蓄積され、再び水中にはく離、懸濁、あるいは溶出して下流域へ伝達されていきます。その結果、河川は上流から下流へと形態的に差が生じるばかりでなく、水質や生物相にも差が生じていきます。湖沼での富栄養化現象は時間の経過と共に進行するのに対して、河川では上流から下流へと、富栄養化現象が地域的な縦断変化として現れることも河川の特徴と言えます。もちろん、河川でも経年的な水質の変化は当然見られますが、これは人間活動の変化に依存して起こるもので、河川自身の機能によるものではありません。

河川のもう一つの重要な機能は河川生物の生活の場としての役割です。湖沼の場合と同様に、河川生態系としての生物的部分を構成するのは、生産者、消費者、そして分解者の生物群集です。しかし、湖沼と大きく異なる点は河川が開かれた系であり、必ずしも同一の場所での生産が、その場所の消費者、分解者にとっての物質的な基礎となっていないことにあります。

消費者の中での食物関係にしても、上流部から流下する藻類や昆虫類を食物とする水生昆虫や魚類にとっては、その場での基礎生産力が自身の生産の基礎となっているわけではありません。このように生物群集を含めた物質循環を考えると、必ずしも河川の形態的な基本単位である淵と瀬は、河川の生態系としての物質循環系の基本単位とはなり得ないと言う矛盾もあります。物質循環の観点からは河川はその流域全体を一つの河川生態系として扱う必要がありそうですが、その辺の研究は現在進行中の課題です。

河川の形態特性

河川の分類

河川を遡ればいずれも水源に辿り着きます。ブッチャー（1933）はその水源が、①丘陵、山岳、②湧泉、③低地の沼、といった三つのものに分けて河川を分類しています。多くの大きな川は①に属しますが、水源から流出した川が次の川と合流するまでを一次河川、合流後の河川を二次河

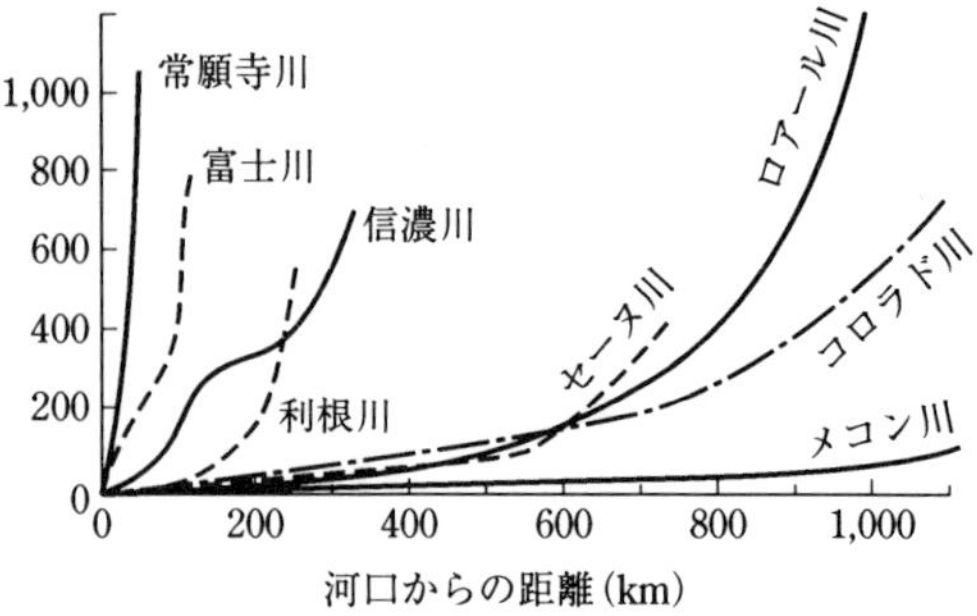

図 1-2　日本の河川と世界の河川との河川勾配の違い（原図は可児，1944）

川、さらに合流すれば三次河川と、多くの河川は上流から下流に向けて樹枝状につながり、幹となる本流が形成され、やがて海へと流出していきます。このような河川路の枝分かれの状況から河川を分類すると、①樹枝状河川、②放射状河川、③叉状河川、となります。河川の水を集める地域を流域と言い、河川を中心とする分水嶺で囲まれた地域がそれに当たります。

大陸の中央部や砂漠の中を流れる河川では、必ずしも海に流出せず、陸地の中で消えてしまったり、雨季のみに水が流れる河川もありますが、島国の日本では見ることができません。また、鍾乳洞の中を流れる河川のように、石灰質や岩塩質の地質の地域には地下を流れる河川もありますが、これは地図を見てもわかりません。

日本の河川は流路延長が短く、急勾配であることは島国の特性として紹介されるところです。世界で最長の河川はアマゾン川の六、二〇〇キロメートル、その流域面積は七〇五万平方キロメートルと広大です。アジアでは揚子江の五、二〇〇キロメートルが最も長く、その流域面積は一七七万五千平方キロメートルです。揚子江は流域面積においては黒竜江の二〇五万一、五〇〇平方キロメートルには劣っています。それに対して日本で最長の河川は信濃川の三六九キロメートル、流域面積では利根川の一万五、七六〇平方キロメートルが最大です。

河川を水源から河口にかけて、地形的に区分すると、上流、中流、下流と分けられます。メコン川のように河口から一、〇〇〇キロメートル内陸に入っても標高が一〇〇メートルにも満たない河川もありますが、島国である日本の河川は大陸の河川に比較すれば渓流部がほとんどで（図１－２）、大陸の下流部に当たる部分はわずかでしかないと言えます。

淵・瀬常ならぬ

河川の分類は地理、地形的な要素で行われますが、湖沼の場合と同様に河川に生息する生物の生活の場としての性格からも行われています。その例が可児（1944）[10]による分類です。

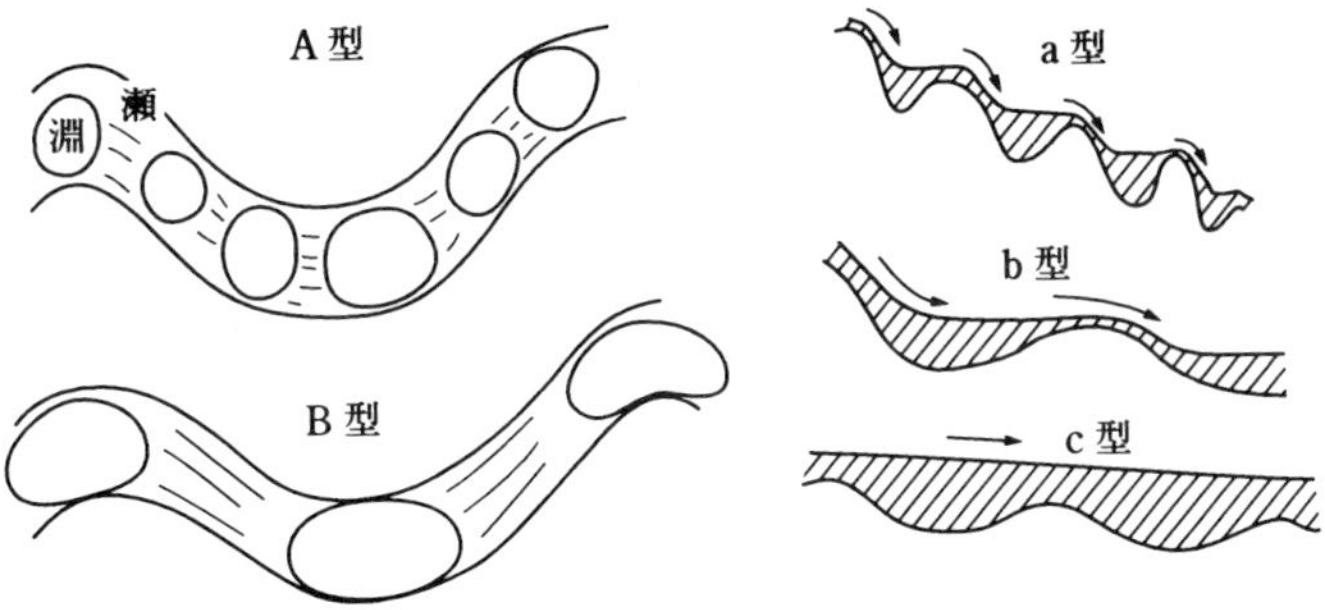

図 1–3　可児（1944）による河川形態の分類
一蛇行内の淵と瀬の数で大きく分け，落差でさらに分ける。

河川は上流、中流、下流いずれの地域でも、細かく見れば流れの速い瀬と、水の淀む淵のあることがわかります。つまり、河川の基本単位は瀬と淵であり、瀬と淵が常に対となり、その組み合わせによってそれぞれの区間の河川が構成されていると見ることができます。同じ淵でも上流、中流、下流ではそれぞれに形態は異なります。瀬も同様です。もう一つ基本的なことは河川は蛇行するという性質です。飛行機の上から地上を見下ろすとその蛇行の様子が良くわかります。

蛇行部が切り離されて、取り残された湖沼が三日月湖です。この三日月湖の存在からわかることは、河川の蛇行部分は常に動いていて、本来の河川は流路が一定していないと言うことです。吉田兼好の土佐日記にも、「川、淵瀬常ならぬ……」という文章がありますが、昔から人は川筋の動きを知っていて、生活の上での常識として役立てていたと考えられます。裏を返せば川による災害は周辺の住民にとっては厄介な現象で、いかに川による災害を防げばよいかと知恵を絞ってきたと言えます。中国の「川を征する者は国を征する」という言葉も川がいかに大きく動き、人の生活を脅かしてきたかを告げています。そして、治水という言葉ができ、河川の様々な護岸技術が発達し、現代に至ったものでしょう。しかし、筆者は土木工学を専門とする者ではなく、本書では生態学的な面からのみ河川について述べることにします。

可児の視点は生息する生物の環境としての河川形態にあります。そこで、河川の基本的な性質である蛇行部分に着目し、一つの蛇行区間内の淵と瀬の分布、およびそれらの落差による形状変化をもとにして、基本的な三つの組み合わせを考えました。

図1－3は可児による三つの基本的な形を平面図と断面図で示したものです。河床勾配の急な上流の渓流部ではAa型が多く、勾配の緩くなる中流部ではBb型、平野部ではBc型が多くなります。一つの蛇行区間を取り上げてみると、上流部では一つの蛇行区間に複数対の淵と瀬が存在します。また、それぞれの落差、大きさにより、瀬と淵の形態は中流、下流とでは異なっています。上流の淵と淵をつなぐ瀬は滝状に流れ落ちていますが、中流域では瀬も河川勾配の変化によって、早瀬状のものから平瀬状のものに移り変わります。下流域になれば淵も瀬も水面からでは区別がつき難くなります。

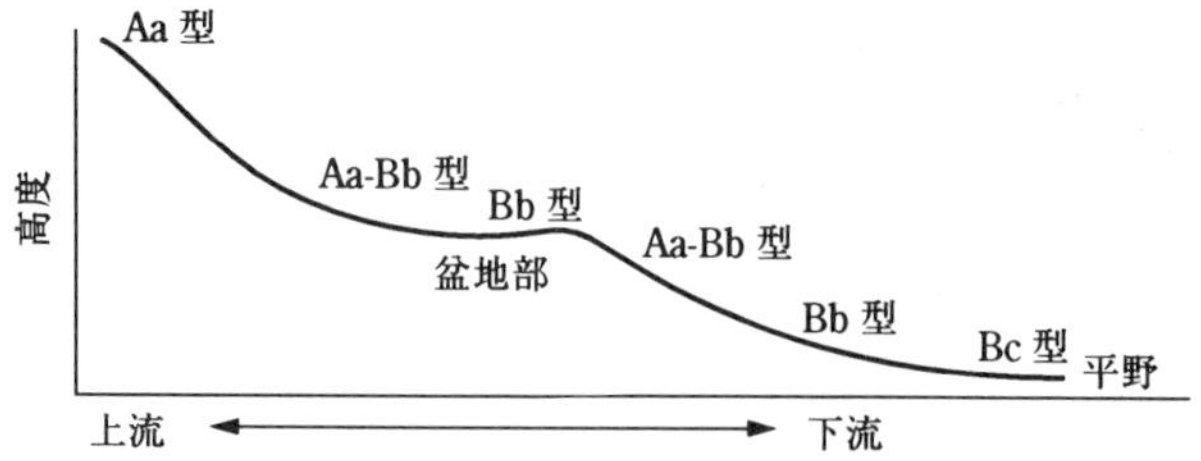

図 1-4 河川形態の縦断的変化の例

一つの河川を上流から河口に向けて縦断的に河川形態の変化で示すと図1－4のようになります。中流域に盆地があれば、その中流域で一度Bc型の河川形態が現れますが、盆地を通過した後では再び上流域と似たAa型の河川形態が出現することもあります。例えば、天竜川は中流域に諏訪湖を有する諏訪盆地があります。八ヶ岳連峰を水源とするこの天竜川は上流域の渓流ではAa型の河川形態ですが、諏訪盆地に入るとBc型となり、諏訪湖から流出した後は再びAa型またはAa－Bb移行型が出現し、伊那谷を降り、遠州平野に出て初めてBc型の河川形態に移行します。

瀬と淵という河川の縦断的な基本単位も、よりミクロに見た場合には、全体として瀬状の区域でも内部には淵的な要素を持つ部分も多くあります。例えば、河水が瀬となって流れている河床の礫の状態には、礫の下部が砂泥に埋まっているもの（沈み石、はまり石）と礫が何重かに重なり動きやすい状態のもの（浮き石）が見られます。当然、それぞれの状態の礫と礫の間の空間には差があり、水生生物の生活の場としても質的な違いが生じます。

このような河床の違いを川那部ら[6]（1956）は河床型と表現しています。水野[19]（1965）はそれぞれの河床型の特徴を、水深が浅く、白波が立つほどに流速の速い瀬にははまり石が主で、これを早瀬としています。一方、水深は早瀬とそれほど違いはなくても、白波が立たない程度の流速で、河床には沈み石が主体となっているものを平瀬と表現しています。

淵についてもその成因と位置によって形態的に違いが生じます。川那部ら（1956）は淵の型をM型（蛇行型）、R型（岩型）とS型（基盤型）の三つに分類しています。M型は蛇行部の外側に形成される淵で、可児によるBb型やBc型の河川区域に見られます。特徴は淵の断面の左右が不相称であり、外側の流速が速く、最深部があり、内側は浅く、流れが緩いと説明されています。R型は、Aa－Bb型からBb型の上部に多く出現します。流路の直線部分に大きな岩がある場合にはその周囲がえぐられて淵が形成されている場合が多く見られます。岸から岩盤がつきだした状態となっている場合にも、その周囲に深みが生じている場合があり、これをR型と称しています。最後のS型は川底の基盤が質的に硬軟異なっている場合で、軟い部分が侵食を受けて淵を形成しているような場合です。滝壷の淵が典型的とされていますから、河川形態としてはAa型の地域に多く存在しています。淵でもその形態が異なることで、それぞれに生息する生物相にも違いが生じるとされています。

河川連続体の概念

河川を細かく見てみると同じ地域でも形態的に異なりますが、河川は上流から下流にかけて水の流れとしては連続的につながっているのが特徴でもあります。源流から河口までの環境条件の変化に応じて生物相も変化しますが、全体を物質の供給、運搬、利用、貯蔵の一連の系として見れば連続体である、とするのがバンノオト（Vannote, 1980）による河川連続体の概念です（図1－5）。この連続体としての河川系が河川の全行程を通してエネルギーの無駄を最小限にし、年間を通じてエネルギーを安定的に供給する方向に発展させる

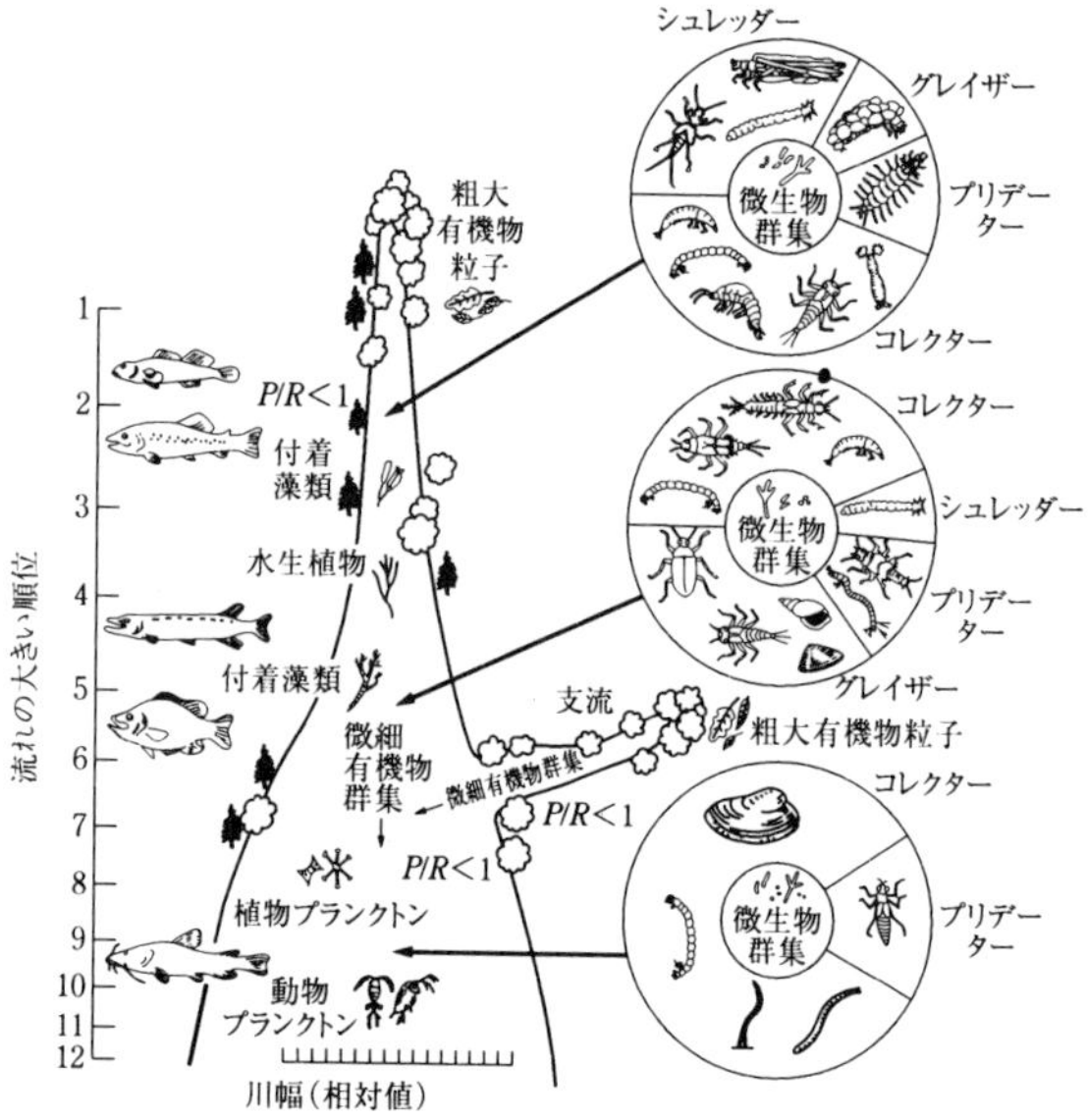

図 1-5　Vannote（1980）により提案された河川連続体を説明する河川形態と生物群集の関係

と説明されています。

河川を一つの生態系として扱う場合には、この連続体としての構造を含めて、流域全体を一つの物質系として捉えることが必要であることを示しています。

河川の生態系としての構成

河床の形態と水の流れ

河川が止水である湖沼と環境的に最も異なるのは水が流れている点です。これは当たり前の話ですが、この流水としての特徴が物理・化学的環境にも、生物群集の構成にも大きく影響し、湖沼とは異なる構成の生態系を形成する要因となっています（図1－6）。

流水の容れ物としての河床の砂礫は上流から下流へ向けて、その形態と大きさを変えていきます。まずは形態的に比較すると、源流部に近い地域では水による摩耗の少ない角礫が多く、下流へ向けて次第に亜角礫から円礫へと丸みを帯びた形態のものが増え、大きさも次第に小さくなって、最後には土砂が主体となっていきます。中流域の河川

- 河川生態系
  - 河道内（表流水内）生態系
    - 基　質
      - 水
      - 礫・岩・砂・土
    - 生物群集
      - 生産者（付着藻類, 水生植物, 植物プランクトン（下流））
      - 消費者
        - 第一次消費者—植食動物
        - 第二次消費者—肉食性小型動物・雑食性小型動物
        - 第三次消費者—肉食大型動物
      - 分解者（細菌類（付着性, プランクトン性））
  - 河川敷生態系
    - 基質
      - 土壌
      - 大気
    - 生物群集
      - 生産者（草本植物, 木本植物）
      - 消費者
        - 第一次消費者—植食動物
        - 第二次消費者—肉食性小型動物・雑食性小型動物
        - 第三次消費者—肉食大型動物
      - 分解者（細菌類, 土壌動物）

図 1-6　河川生態系の構成

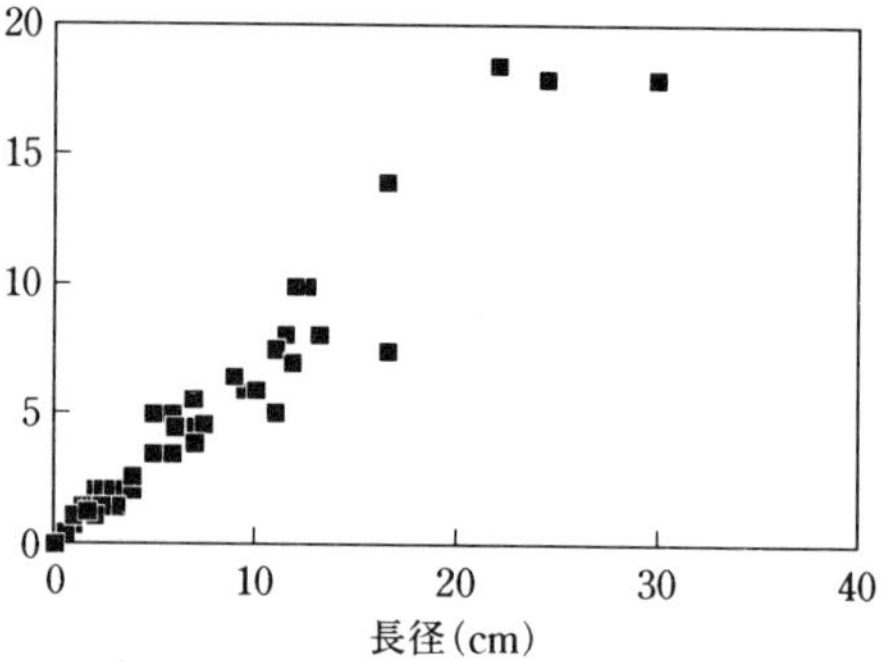

図 1-7　千曲川流域，坂城町鼠橋付近での礫の長径と短径の関係

では大小様々の円礫が多いのですが、同じ箇所での円礫の長径と短径比を測定してみると、きわめて均一になっていることがわかります。

図１－７は長野県を流れる千曲川の戸倉付近で測定された例です。河原にはこのような円礫が流向に沿ってあたかも瓦を葺いたように整然と並んでいる光景を目にすることができます（写真参照）。これは水の流れの力による現象ですが、自然の力の大きさを思い知らされる光景です。

砂礫の大きさにはそれぞれに名称が付けられています。三野（1961）によれば、二五六ミリメートル以上のものを巨礫、それ以下で、六四ミリメートルまでのものが大礫、四ミリメートルまでが中礫、四～二ミリメートルが小礫、それ以下は砂とされています。一九八八年に河川生物資源保全流量検討委員会で提案されたものも、二ミリメートル以上を大小の礫としていますから、礫と砂の境は二ミリメートル程度と考えてよいでしょう。さらに細かくなると砂ですが、〇・五～二ミリメートルが中砂、〇・〇七五～〇・五ミリメートルが細砂、〇・〇〇五～〇・〇七五ミリメートルがシルト、〇・〇〇五ミリメートル以下を粘土と呼んでいます。底質が大礫以上の場合と細かい砂泥質の所では、そこに生息する生

瓦を敷いたように広がる川原の景観

物の種類も生活型も変わってきます。河川の底質は生物にとっても生活環境として非常に重要な要素となっています。

水の流れは生物の生活にとって間接的にも、直接的にも様々な影響を与えています。直接的な影響としては流速で表される水の動きです。河川を流れ方向に横断的に流速測定を行うと岸辺に近い箇所では流速が減り、水深の最も深い箇所に最大流速が観測されます。この流心部で水深方向に流速を測定すると、水深の八割程度の所に最大流速が得られ、それを頂点として上下では流速が減少します。これは、上部では大気との摩擦、底部では河床との摩擦により流速が減じる現象によります。河床の質により水流への影響は異なり、底部の凹凸と水深、流速との関係で表面の波が形成されます。

大礫のある底部をより細かく観察すれば、礫の前後、上部といった細かな位置の違いによっても流速の分布は異なっています。大礫と大礫の間には乱流が発生したり、大礫の後部には逆方向の流れが生じたりとミクロな流速の変化が観察されます。このようなミクロな流速変化に対応してそれぞれの水生昆虫が住処を形成しています。

河川の水位の呼称には次のようなものが使われています。

(1) 最高水位、最低水位、平均水位：それぞれに一日間の、一ヶ月間の、一年間の、何ヶ年の、という期間が設定されます。
(2) 高水位、低水位：平均水位より高いか、低いかの意味で使われます。
(3) 平均高水位、平均低水位：平均水位より高い水位、あるいは低い水位だけの平均です。
(4) 平均年最高水位、平均年最低水位：毎年の最高水位あるいは最低水位の何ヶ年かにわたっての平均です。

(5) 渇水位：一年のうち三五五日はこれを下回らない水位

(6) 低水位：一年のうち二七五日はこれを下回らない水位

(7) 平水位：一年のうち一八五日はこれを下回らない水位

(8) 豊水位：一年のうち九五日はこれを下回らない水位

豊水位×流速×断面積＝豊水流量

(9) 最多水位：一年間で最も頻度の多い水位

以上の水位と日数との関係を図に示すと水位継続曲線と水位頻度曲線が得られます（図１－８）。

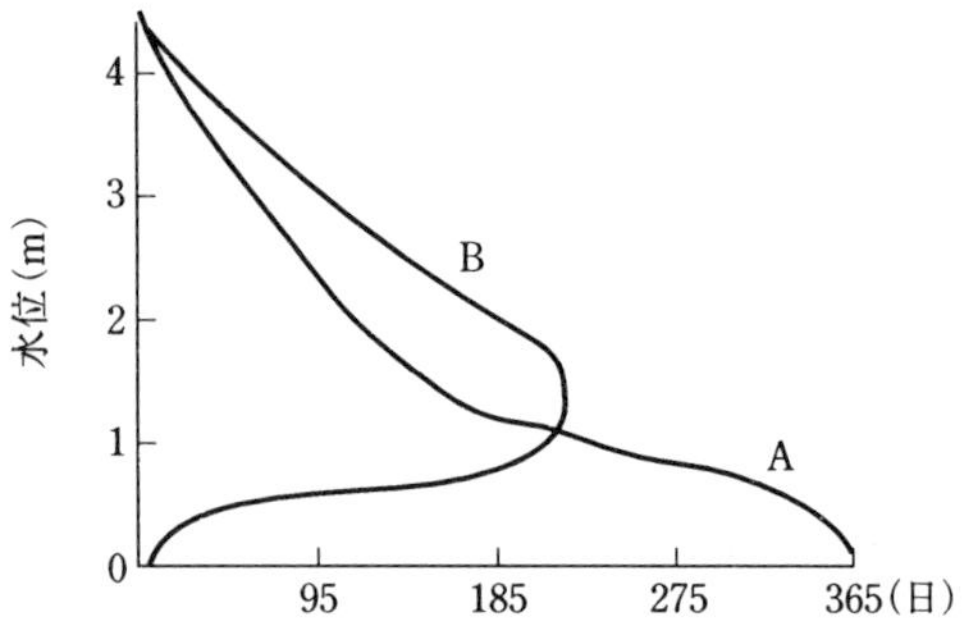

図 1-8　水位継続曲線（A）と水位頻度曲線（B）

間接的な流れの影響としては水温やガス物質の濃度への影響があります。水源地域での水温は地下水の影響で一日間の変化は少なく、年間も大きく変動しません。しかし、流下するに従い、気温の影響を受けるようになりますが、河川水温はたまり水のように気温よりも著しく高くなることはないのが普通です。図１－９は千曲川中流部で測定された水温の一日間の変化ですが、短い距離の間でも水温が下流ほど高くなる傾向が認められます。流水とはいっても下流に向けて少しずつ熱が蓄えられていく傾向のあることが

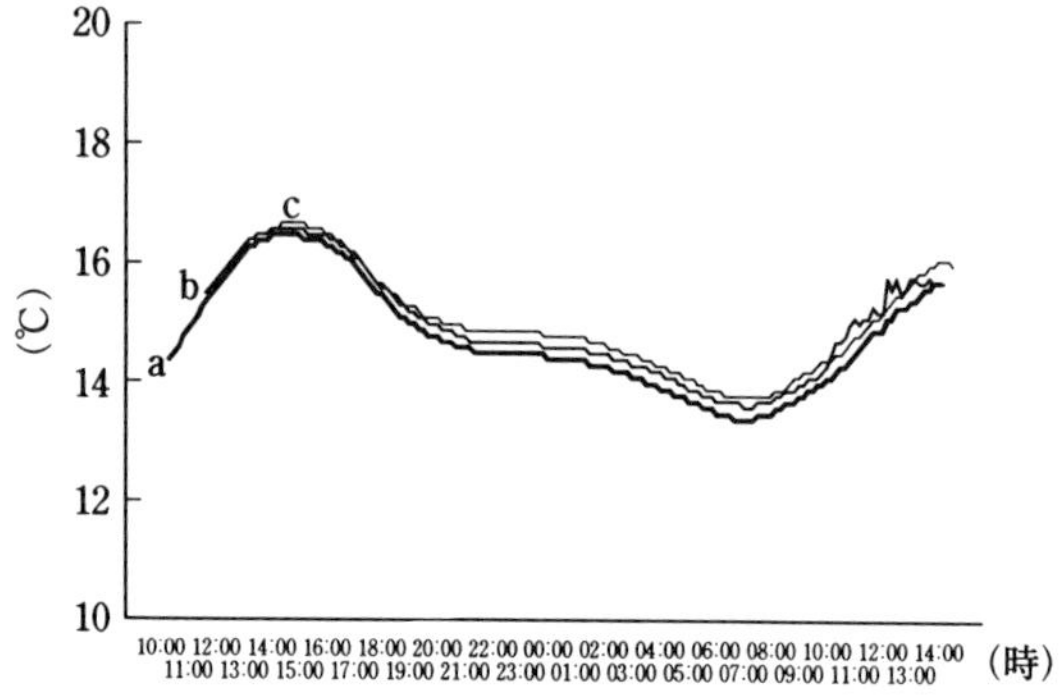

図 1-9　千曲川中流域での水温の日変化（1997年10月１日～10月２日）

ａを下流側とし，ｂ，ｃは 250m 間隔で測定したもの

わかります。

河川水温を決定する要因として最も大きいのは水面での熱の授受ですが、その他に地中との熱交換と地下水、温泉水の補給もあります。最も基本となる河川水温と気温との関係は河川の上流、中流、下流で差が見られます。その関係は地域により若干の差はありますが、一般には初夏から夏にかけては気温の方が水温よりも高い授熱期、秋から冬にかけては水温の方が高い、放熱期になります。

溶存するガス物質の場合も大気との交換が良く、よほどの汚染河川でなければ、酸素も炭酸ガスもほぼ飽和状態に近い濃度で推移します。特に、瀬状の場所は水深も浅く、温度も気温と平衡状態となりやすく、ガス物質についても飽和状態となっています。

河川の栄養　河川水の栄養成分濃度が増加し、付着藻類の生産力が高くなると、その結果を得て溶存酸素や炭酸ガス濃度が一日間に変化する傾向を見ることができます。これも水温と同様に千曲川中流の例ですが、付着藻類が光合成を活発に行っている早朝から正午にかけては溶存酸素量が次第に増加し、午後からは減少、夜間はさらに減少する傾向が測定されています。炭酸ガスの場合はこの逆現象になりますが、強弱の違いはあってもこの傾向は湖沼の場合と同様です。水面と大気の間でのガス交換速度は流速によって影響されるので、湖沼よりも河川の方が一日間の偏差は小さい傾向にあります。当然、炭酸ガス濃度の変化と緊密な関係にあるpHについても炭酸ガスと同様な日変化を示します。

河川の水質成分は一般的には水源から流下と共に濃度を増加させていきますが、湖沼に比較すれば、その濃度は低いのが一般的です。しかし、低い濃度でも常に上流からある濃度の水が常時流下していることで、河床の礫上に付着する藻類や水生植物にとっては十分に栄養が供給され、同じ栄養塩濃度の湖沼よりも高い生産力を維持することができることが河川の特徴でもあります。つまり、湖沼と河川を比較した場合、河川

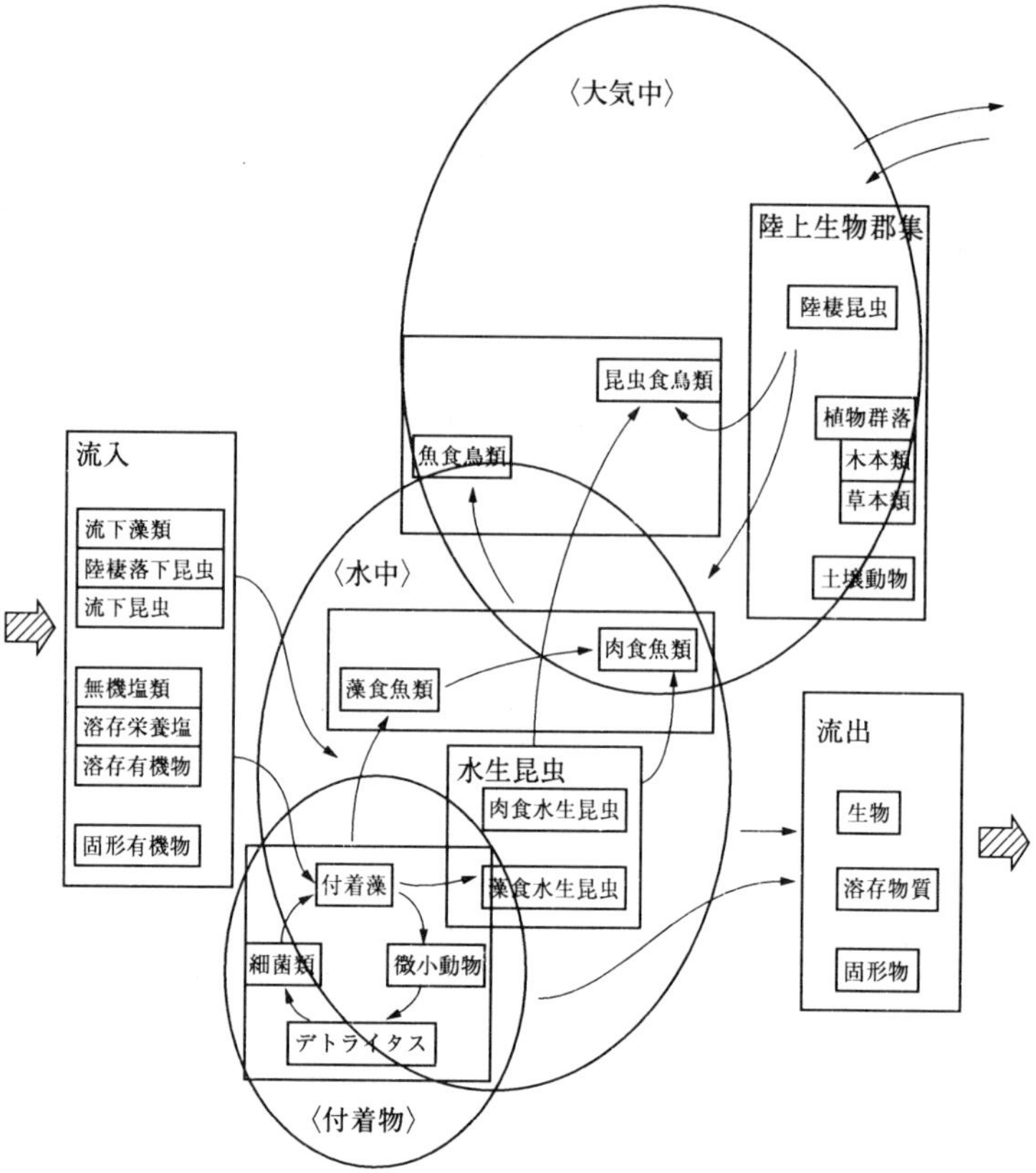

図 1-10 水中から陸上，大気中の生物群集をつなぐ河川生態系

水の栄養成分濃度が湖沼のそれより十分の一程度でも、その湖沼と同じ程度の生産力を得ることができます。低い栄養濃度で栽培する生産効率の良い作物の水耕栽培を考えてもらえればよいでしょう。このように河川は低い濃度の栄養で高い生物生産力を得ることが出来る仕組みとなっています。その仕組みが水の流れであり、受ける側の生物の付着という生活形態です。湖沼の植物プランクトンが浮遊することによって表層の光を有効に使うのに対して、河川の藻類は水深が浅いという光に対する利点を

生かして、底部に付着することで、濃度の低い栄養成分を有効に利用する生活形態が採用されていることがわかります。

河川生態系の水中の生物群集の構成はこの付着藻類と水生植物の生産力が基礎となっています。この基礎生産者に対して、水中の消費者の代表は水生昆虫群集であり、これらを餌とする魚類群集へとつながります。その他にはは虫類、両生類、ほ乳類も河川生態系の生物群集の重要な構成員です。鳥類も忘れることができません。水辺にじっと立ちつくし、魚を狙うサギの仲間、上空から魚影を窺うトビやチョウゲンボウなど、河川生態系の構成員として鳥類の占める位置は多彩と言えます。

基礎生産者に位置づけられる河原の植物も河川生態系にとっての重要な構成員です。そこに生息する昆虫や動物も同様です。また、分解者としての細菌類も水中あるいは土壌中に多数種が活躍しています。このように見てくると、河川生態系の仕組みの中には、水中から陸上、大気中へとつながる複雑な食物連鎖網が見えてきます（図1－10）。河川での研究が進むにつれて、河川の生態系をどのような空間でくくれば良いのかにとまどいを覚えずにはいられません。

河川の水質

河川水質の八成分

河川水質は流域の地質、地形条件を反映し、河川に生息する生物群集の基礎となるものです。微量成分まで含めれば沢山の成分がありますが、主要な成分となるとそれほど多くはありません。ガス成分を除いて河川水質を構成する主要な成分はナトリウム、カリウム、マグネシウム、カルシウムなどの陽イオンと、塩素、硫酸、重炭酸などの陰イオン、それにケイ酸を加えた八成分です。これら八成分で水質の全成分量の九五パーセント前後を占めています。

表 1-2　日本と世界の河川の水質 8 成分についての比較（渡邊，1992より）

成分名	日本の河川 (mg/1)	世界の河川 (mg/1)
ナトリウムイオン	6.7	6.3
カリウムイオン	1.2	2.3
カルシウムイオン	8.8	15.0
マグネシュウムイオン	1.9	4.1
塩化物イオン	5.8	7.9
硫酸イオン	10.6	11.2
重炭酸イオン	31.0	58.4
溶存けい酸	19.0	13.1
合計	85.0	118.0

表１－２には渡辺[10]（1992）が整理した日本の河川と世界の河川の八成分についての比較を示しました。日本の河川は世界の河川に比較すると八成分の総量が低いことがわかります。その原因としては、日本の降雨量が世界の年間平均降雨量よりも多く、水質成分の希釈効果が高いことと、熱帯地方や乾燥地方では河川水の蒸発量が大きく、水質成分が濃縮されやすいことが上げられます。

しかし、濃度について比較すると、カルシウムと重炭酸イオンは世界の河川の方が高く、溶存ケイ酸は逆に日本の方が高いという特徴が目に付きます。その原因としては、日本は石灰岩地域の占める割合が少ないことと、火山岩が多く分布していることにあります。湖沼水質の項でも説明しているように、河川の基本水質も流域の地質を色濃く反映していることがわかります。一方、最近では、人間活動も無視できなくなっています。それらを含めて現在の河川の化学成分の供給源を整理すると、①降水、②大気中からの降下物、③岩石、土壌などの地質的要因、④鉱泉、温泉、⑤人間活動による排出物、が上げられます。以上の供給源をもとにして、降水を起源とする河川水に様々な過程で、様々な成分が添加され、その場所での河川水質が形成されています。

その成分には八つの基礎成分とは異なり、全くの人工的に作られた化学物質も含まれています。河川水に含まれているそれらの成分は、河川の流下と共に生物によって吸収、利用されるものも多くあります。また、岩石や土壌に無機的に吸着される場合もあります。

蒸発による濃縮

もう一つ、水質形成に関わる重要な過程として水の蒸発による濃縮過程があり、熱帯や乾燥地域では河川水質の重要な形成要因となります。湿潤な日本ではこの濃縮過程に影響する河川水の蒸発量は二〇パーセント程度と見積もられていますが、熱帯の河川水について、溶存するイオン物質の総量を示す電気伝導度を測定してみると、日本の河川の数十マイクロジーメンスに対して数百から千マイクロジーメンスに達していることがあります。これは明らかに蒸発量の多さからきているものと思われます。

このように河川水の主要な水質成分に対して、濃度レベルの低い成分が炭素、窒素、リンなどの生物の生体成分となっている栄養成分や重金属成分です。これらの成分は基本的に濃度が低いために人間活動の影響を受けやすい成分と言えます。そのうちの生体成分に関わる成分と生物の代謝に関わる成分は、生物の活動に応じて激しく濃度が変化するという特性を持っています。すでに説明した溶存酸素、炭酸ガス、pHといった成分は付着藻類や水生植物の光合成作用と生物の呼吸作用に伴い、大きく変化することで知られています。

光合成作用：二酸化炭素＋水＋栄養塩類（窒素、リンなど）＋太陽エネルギー→有機物＋酸素

植物の光合成作用により水中の二酸化炭素が消費されて、足りなくなると、水中では加水分解反応が起こり次のような変化で二酸化炭素の不足が補われます。

重炭酸イオン→二酸化炭素＋水酸イオン

その結果として生じた水酸化物イオンによって、水中のpHはアルカリ側にずれていくことになります。河

川水中の栄養塩類濃度が増加すると、礫上の付着藻類や水生植物の光合成が活発になり、この反応に従って水中のpHが変化することがよく見られます。これは河川の富栄養化現象の特徴的な兆候でもありますが、富栄養化現象という言葉そのものは湖沼で用いられる用語であり、河川に使うのは適切ではないかもしれません。

生物の呼吸作用による水質変化

一方、微生物による分解作用を含めて、呼吸作用は光合成作用の逆反応になります。生物は植物を含めて生命を維持するために常時有機物を酸化する呼吸作用を行っています。光が一定以上ある状態では植物は光合成作用を活発に行っています。そのために見かけ上は酸素が水中に放出されていますが、それは光合成作用によって放出される酸素量が自身の呼吸作用を上回っているからに過ぎません。その証拠に夜間、光がない状態では呼吸作用だけが行われるために水中の酸素量は低下し、日の出時頃に最低値となります。このように酸素量、二酸化炭素量、栄養塩類濃度やpHといった水質は、河川の場合にも水生生物の影響を大きく受けていることがわかります。

千曲川中流域のような人間の生活の影響を大きく受けている河川では、流水という条件下にありながら、水中の溶存酸素量が飽和度二〇〇パーセントを越え、pHは一〇以上といった状態を観測することができます。逆に、河川水中に有機物が流入するような汚染河川では、その有機物を分解する細菌類の働きにより、呼吸量が増加し、水中の酸素量が極端に減少し、一時の隅田川のように黒い水色の河川となります。そのような河川ではpHは酸性側に偏り、水中からはメタンガスや亜硫酸ガスが発生し、悪臭を放つことになります。それほどにはならない場合にもどぶ臭がしてきたり、水路の側壁に白い糸状の水ワタが発生していれば水質的には要注意です。どぶ臭はメルカプタンなどの有機物の分解生成物が原因していますし、水ワタは有機物を分解する細菌類の集まりです。

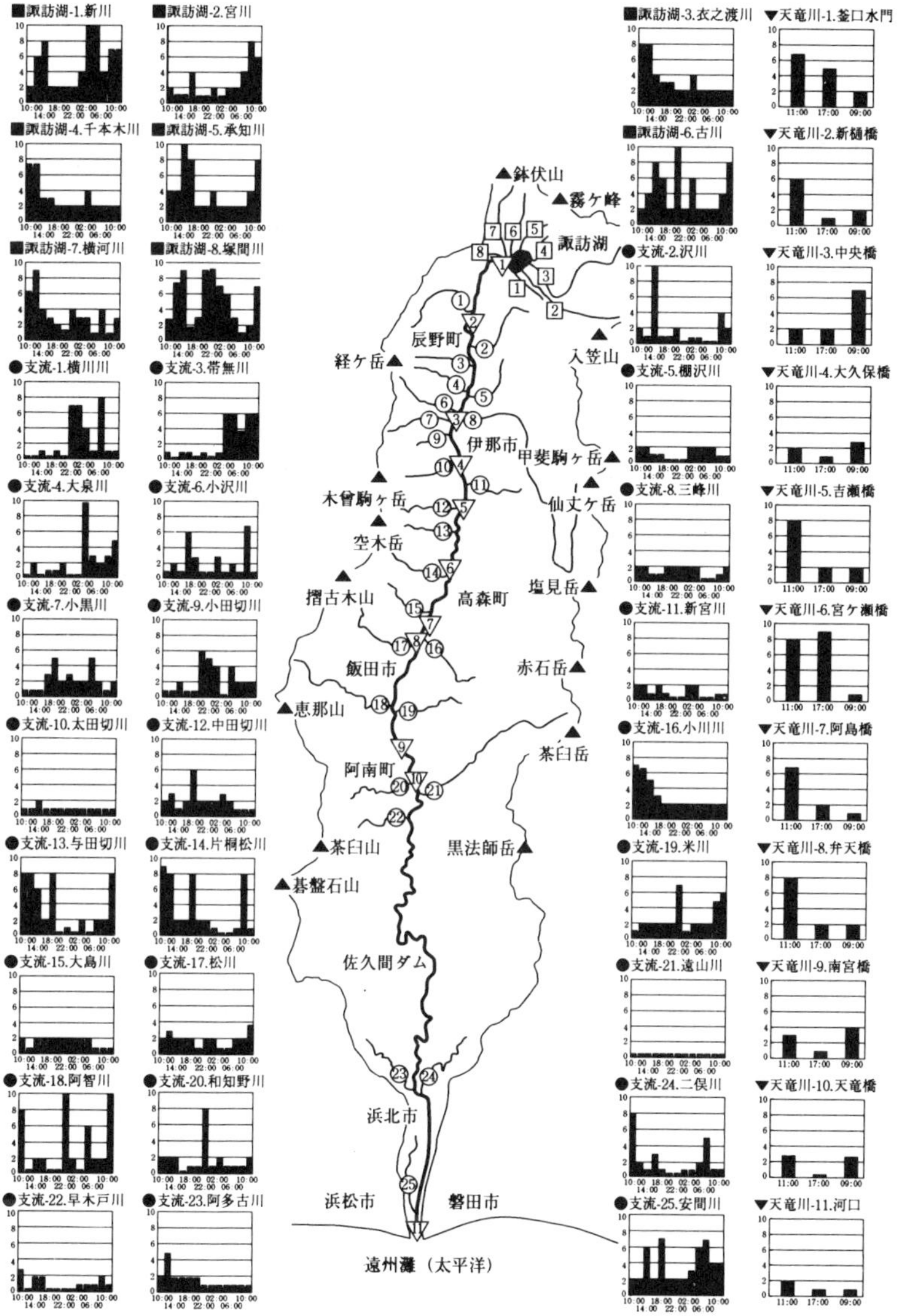

図 1-11　天竜川流域住民によって1997年の夏季に測定された天竜川本川と支流のCODの日変化（諏訪湖，天竜川健康診断，1997より引用）

人間活動の影響による水質変化

人間活動の影響による水質変化の特徴の一つは、同じ地点でも一日間に特定の成分濃度が大きく変化することです。図1－11は天竜川流域の住民によって測定されたＣＯＤの日変化を示しています。この変化の様子をみると周辺住民の生活パターンに同調して、午前中の洗濯や夕食後の後かたづけ、入浴の時間などにＣＯＤ濃度が上昇する傾向がわかります。産業活動の影響も同様で、一日の作業工程に合わせて排水される時間帯が決まっている場合が多く、それに合わせて河川水質も時間帯により大きく変化しています。このような変化は水量の少ない支流ではっきりしますが、汚染源が流域全体に散在し、その影響が上流から下流へと積算されている本流では見えにくくなる傾向があります。

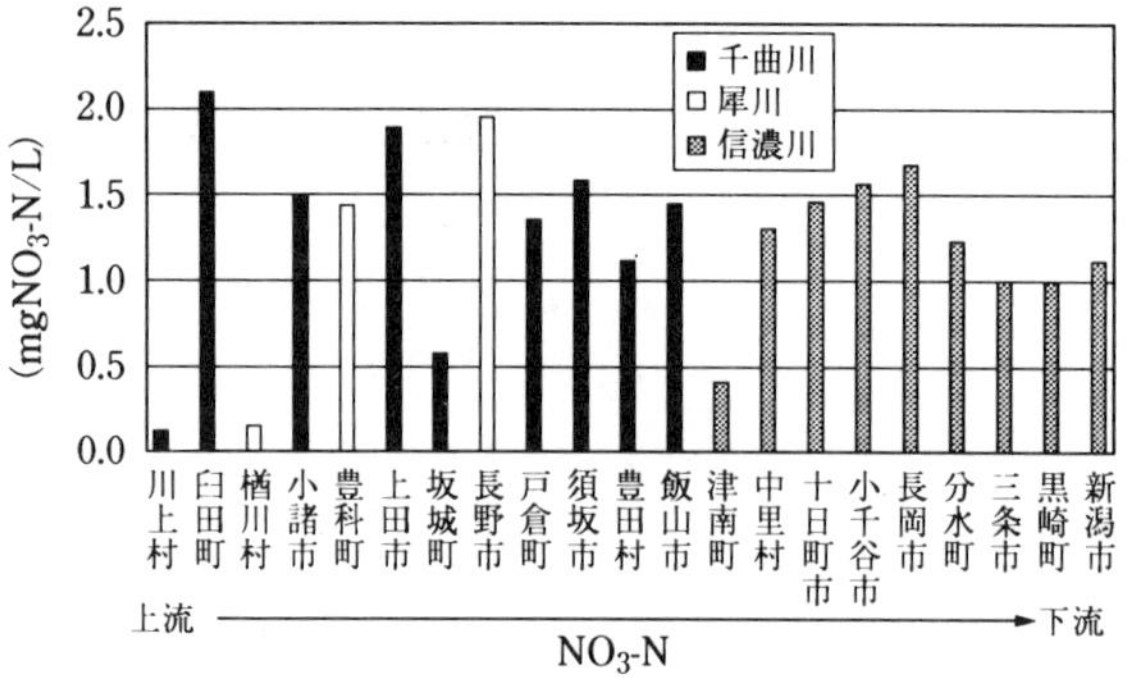

図 1-12　信濃川水系で行われた水質24時間一斉調査の結果から硝酸態窒素の信濃川本川の縦断的変化を追跡

人間活動の影響でも一日間の濃度変化があまり見られないのが農耕地への施肥を原因とする窒素成分です。図1－12は信濃川水系で行われた二十四時間水質調査の結果ですが、硝酸態窒素は一日間の時間的な濃度変化は大きくありませんが、上流から下流にかけて大きく変化しています。しかし、上流部でも高い濃度が観測されるのが硝酸態窒素の信濃川水系での特徴です。これは上流部に窒素肥料を多く必要とする葉菜栽培のための広大な農地があることが原因です。人間活動が影響すると、自然河川のように上流域ほど水質濃度は低いという原則が当てはまらなくなる例の一つです。

もう一つ人間活動の影響を受けている水質の例が廃鉱を原因と

する酸性河川の重金属成分でしょう。赤川、渋川といった名称に見られるように自然河川でも酸性の河川はありますが、多くの酸性河川は過去に利用されていた鉱山を上流に持っているようです。その結果、雨水が鉱滓に浸透し、酸性水が流出、河川水中に重金属成分が増加した状態となります。溶存する重金属成分は河川が流下するにつれて酸化され、特に多く含まれる鉄分は酸化鉄として河礫に沈着、赤色の河原が見られます。これが赤川という名称の由来です。酸性の水は口に含むと渋味を感じることで渋川という名称もうなづけます。

いずれにしても河川の水質は、基本的には流域の地質条件を色濃く反映していますが、現在の河川では流域各地での様々な人間活動の影響を大きく受けていることを理解しておくことが必要でしょう。

二、河川の生物群集

千曲川中流域水辺の植物群落

河川の生物群集というと水中に生活する生物をまずは頭に浮かべるでしょうが、水辺や水の流れていない河原にも河川に関係の深い生物が数多く生活しています。これらの多くは陸生の生物ですが、河川という環境に適応し、河川を生活の場として利用している生物ですから、河川の生物群集として位置づける必要があります。そこで、本書では河川を生活の場として利用している水生生物と陸生生物すべてを河川の生物群集として扱うことにしました。

ちなみに、主として日本の本州の河川で一般的に観察される生物を「川の生物辞典」(山海堂、1996)で集計してみると植物では七四種、動物では二五五種にも達します。植物には最も多いと思われる付着藻類が含まれていませんから、実際にはもっと多くの種が河川という変動豊かな環境を利用して、生活していることがわかります。

水中の生物群集

河川の水が流れている部分、河道の水中には多くの生物群集が生息しています。その主なものは付着藻類や水生植物などの植物群集、水生昆虫を主とする底生動物群集、そして流水性の魚類群集です。この他に水中、付着物中には微小な細菌類を中心とする分解者の役割を担っている微生物群集が生息しています。それら生物群集の構成は種構成は異なりますが、陸上や湖沼、その他の生態系と異なることはありません。つまり、河川にも河川という環境に即した、河川独特の生態系が構成されているということです。

植物群集

付着藻類

河川水中の生物群集の基礎となる生物は付着藻類と水生植物です。特に付着藻類は水中の食物網の物質的基礎の中心となる植物群で、その主なものは湖の場合と同様に珪藻類です。しかし、川は流水であることから珪藻類の中でもフナガタケイソウ、ニッチア、クサビケイソウ、キンベラなどの付着性珪藻が主体となって河床の砂礫や木片あるいは水生植物に付着した形で生活しています。日本の河川は急流であり、下流域でも河口近くまでは流れが速いために付着藻類が主になっていますが、中には河川特有の浮遊性藻類も存在しています。これら浮遊藻類（ヒメマルケイソウなど）は流速が一秒当たり一センチメートル以下に落ちる河口域や人工的に作られた堰の上流側で繁殖することが報告されています[7]（村上、1996）。

河川の付着藻類には珪藻類ばかりでなく、緑藻類やらん藻類も見られます。糸状に発育するクラドフォラは水質の良い上流部によく見られる緑藻です。また、らん藻類のオッシラトリアはやや水質の汚れた地域に発生し、ゆれもと呼ばれています。特殊な例としては水前寺海苔で知られる川海苔のような紅藻類も水質の非常に良い所で見られる種類の藻類です。清澄な湧水のある水源の池で最近増えている種としては緑藻のアオミドロの類がありますが、これは地下水中に硝酸態窒素が増えたためと考えられます。アオミドロ自体は付着藻類ではなく、水田などの止水域に発生する浮標性水生植物の一種ですが、河川のたまり水などにも発生しているのを時折見かけます。

付着藻類の量は水中の栄養塩類濃度に左右されますから、当然水質の良い上流域の岩や礫上には多くなりません。中流域になると水中の栄養状態が良くなり、付着藻類の量も増加し、川の中を歩くと礫がぬるぬる

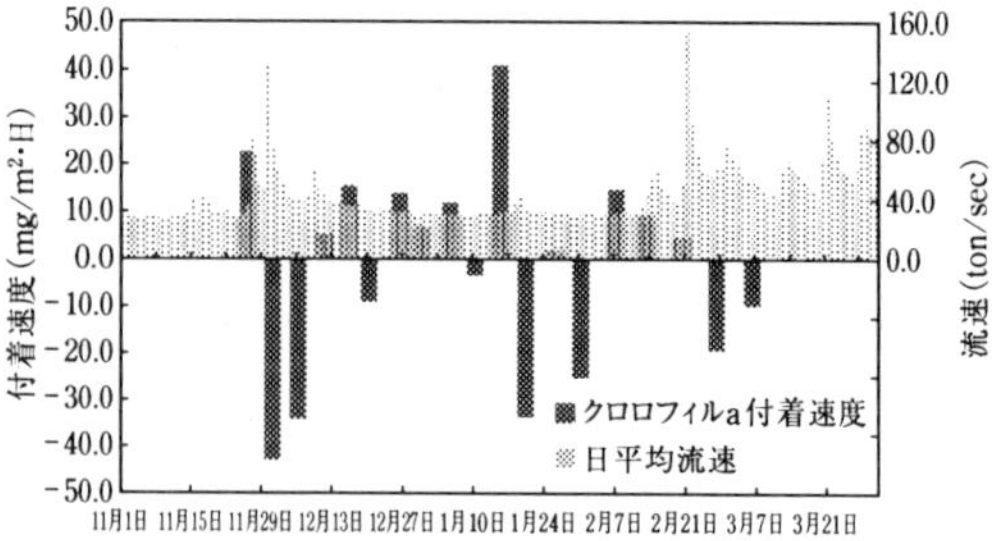

図 2-1　千曲川での秋から冬にかけての付着藻類量の増減と流量の関係（大久保，1999）

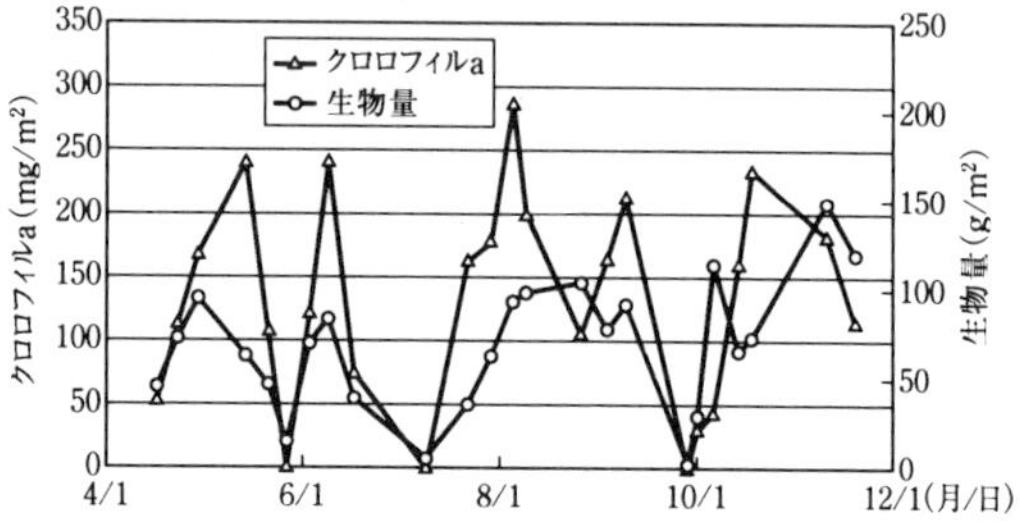

図 2-2　千曲川での夏季を中心とする付着物量の増減（辻本，2000）

した感じになり、滑りやすくなります。アユの食《は》み跡などが見られるのも中流域で付着藻類の発達が良いことを物語っています。

このような珪藻類を主とする付着藻類は水温、光といった物理的条件と水中の窒素、リンなどの栄養塩類濃度に合わせて成長していますが、ある程度付着量が増加すると流れの影響で物理的に剥離、流下していきます。特に洪水のような物理的な力が短期間に働いた時には礫までが移動するために付着物はほとんどなくなってしまいますが、数日すると再び成長してきます。このように河川の付着藻類は水量の増減によって周期的に増加、減少を繰り返しています。

千曲川で測定された付着藻類量の変動を一例として図2－1[15]に示しました。これは秋から冬季にかけての付着藻類量の変動ですが、付着物量が乾燥重量で一平方メートル当たり二〇〇グラムを越えると流量が一秒当たり六〇トン程度の小洪水でも付着物の剥離が起こることがわかります。河川の流量は冬季は安定していますが、融雪期から夏にかけては変動が大きく、付着藻類の発達、剥離の周期は夏の方が冬よりも短く、細かな増減が見られます（図2－2）。流量が安定している冬季には付着藻類を餌として利用する水生生物の摂食量も少ないことが冬季の付着藻類量を多くする要因の一つですが、河川の付着藻類の成長が低温に適応していることもその理由の一つです。

付着物の現存量を測定する

河川の付着物の現存量を測定するには次のように行います。

大きな河川の下流域や水源に近い源流域を除けば、河床には一〇〜三〇センチメートル程度の礫が重なり合っています。上流域でも岩盤や岩の箇所を除けば礫を見つけることは可能です。そのような河床の礫を拾い、礫の表面に付着している藻類を一定の面積について剝ぎ取ります。礫の大きさにもよりますが、剝ぎ取る面積は五×五センチメートル程度あればよいでしょう。側面や裏面にも付着物はありますが、付着藻類の光合成に欠かせない光が十分に当たる表面を選びます。一定の面積を正確に剝ぎ取り、付着物の懸濁液ができたら、その液中の懸濁物を湖沼での植物プランクトンの現存量測定方法と同様の要領で定量します。

付着物量は単位面積当たりの乾燥重量で表しますが、付着藻類量とは必ずしも一致しません。そのために、藻類を含めて植物の共通色素であるクロロフィルa量を同時に測定します。付着物からのクロロフィルの抽出にはアルコール抽出法が簡便です。河川の付着藻類の大部分は珪藻類で占められているので、一晩、冷暗所でアルコール抽出を行うという簡単な方法で定量が可能です。しかし、らん藻類のような抽出のし難い藻類が主体となっているような場合には付着物をアセトン中で磨砕、強制的に抽出する方法が必要になります。

付着物中のクロロフィルa含量は、付着物量が増加するにつれて減少するのが一般的です。図2-3は河川中の礫上に付着物が付着していく様子を知る目的で行った調査の準備の様子を写したものです。まず最初に五〇×六〇センチメートルの面積で、深さ一五センチメートル程度のステンレス製のかごを用意します。

①調査地点（千曲川坂城町鼠橋付近）の風景

②河原の礫を採取する様子

③ステンレス製かごに礫を詰めた様子

④調査用の礫が河川中に2列縦列で
埋め込まれた様子

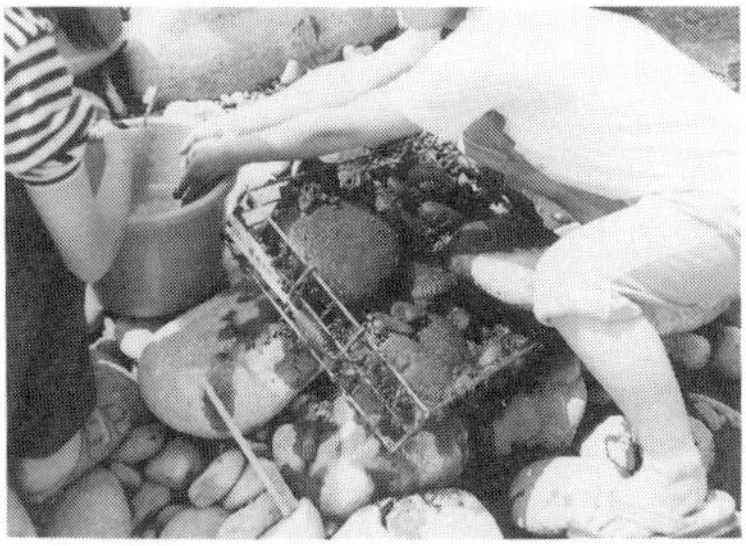

⑤数日間隔でサンプルを採取している様子

⑥150日後,3月の出水後の状況

図 2-3　河川中の礫上付着物増減調査の手順（千曲川坂城町鼠橋上流）

編み目は水の流れをせき止めず、礫が落ちない程度の大きめなものとしてあります。このかごに河原から付着物をきれいに取り去った礫を集め、敷き詰めます（図２－３③）。千曲川での測定の際には、このようなかごを一〇個作りました。ステンレス製としたのは水中に沈めておくことで鉄錆が出て、付着藻類の生育に支障をきたさないようにするためです。かごの深さを浅くしているのも河床に沈めたときに流れを乱したり、流下物がかごの縁に引っかかることのないようにという配慮です。礫を詰めたかごはほぼ同じ水深の箇所に、周りの礫と同じ高さになるようにして、二列、縦列で埋め込みました（図２－３④）。後はかごの中から適当な日数間隔で、複数個のサンプルを採取し、前述の付着物量測定の要領で付着物あるいは付着藻類の成長を追跡していきます（図２－３⑤⑥）。

何も付着していない礫に最初付着してくるのは細菌類ですが、すぐに続いて付着性の珪藻類が付着してきます。この付着珪藻類が最初に増殖し、礫の表面を覆っていきます。礫の表面が付着藻類で覆われる頃までには他の微生物群集も付着性生物として共存するようになり、礫の付着物の下層は死んだ付着藻類や微生物群の生活の場として使われ、生きた付着藻類の活躍の場はそれら付着物の表面近くだけに限られてきます。結果として、相対的に全付着物に占める表面の生きた付着藻類の割合は減少していきますから、礫の上の付着物が発達するにつれて生きた付着藻類の指標である付着物のクロロフィルａ含量は減っていくことになります。当初のクロロフィルａ含量はおよそ一パーセント程度ですが、付着物量が多くなると〇・一パーセント以下にまで減少していきます。

香魚と呼ばれているアユは礫上に発達する初期の付着珪藻類を好んで食していますから、あまり付着物量が多くなり、生きた付着藻類が相対的に少なくなっているような環境下では質の良い（アユにとって）餌を食べることができません。付着藻類の組成も変わってきますから、アユ独特の香りにも影響してくるはずです。アユにとっては礫上の剝ぎ跡がはっきりする程度の付着物量の河川環境が住み良い環境と言えるのでしょう。そのためには付着藻類の発達に必要な栄養塩類補給の他に、河川流量の適当な変動が重要な環境要因となります。流量にあまり変動のない河川環境では付着物が自然に剝離する力が働きにくく、付着物量は大きくなり過ぎてしまいます。そのために付着物の餌としての価値が減ってしまうことがクロロフィルa含量からも推測できます。

付着藻類による一次生産力　付着物の発達には一般的には付着藻類による光合成が関与しています。付着藻類による一次生産力が河川全体の生物生産力の基礎となっていることは以前から指摘されていることです。しかし、このことは河川の中流域で当てはまることで、上流域では当てはまらないことが近年指摘されるようになりました。そのことについては後述することにして、ここでは付着藻類による生産力について見ることにします。

一次生産力の測定法は光合成量と呼吸量を測定することでは、基本的には湖沼での測定法と異なりません。しかし、現実には河川の場合と湖沼の場合では環境的に差があります。その最も大きな違いは湖沼が止水性が強いのに対して、河川は流水という水の動きが大きい点にあります。その流水という環境的な特徴を含めて付着藻類による一次生産力を測定するとなると、河川の特徴を含めた湖沼の場合とは異なる手法を考える必要があります。河川での基礎生産力を測定するための現場法ですが、これがなかなか良い方法が開発されませんでした。

これまでにも多くの研究者が河川特有の一次生産力測定に挑戦してきましたが、その多くはとりあえず湖沼で使われている方法によって測定したものが報告されてきました。その手法は礫上の付着藻類を剝がして、河川水に懸濁させ、湖沼の場合と同様に一定量をビンに封じ込み、河床に一定時間放置して、ビンの中

表 2-1 河川の一次生産力についての従来の方法による例

河　川　名(国名)	日総生産力(gO_2/日・m^2)	測　定　者(発表年)
Loan River（アメリカ）	11.0(感潮域)	McConnell（1917）
Lark River（イギリス）	0.53(11月)，39.0(5月)	Butcher（1927）
Kljasma River（ロシア）	2.4(7月)	Brujewica（1929）
Itchen River（イギリス）	5.5〜14.0(4〜10月)	Butcher ら（1930）
White River（アメリカ）	57.0(7月)	Denham（1933）
Birs River（スイス）	50.0(4月)	Schmassman（1946）
Silver Spring（アメリカ）	8.0(冬季)，35.0(3月)	Odum（1952，1953，1954）
人工水路（アメリカ）	2.4〜4.7(照度6000 lx)	McIntre（1963）
多摩川（日本）	11.9(2月)	沖野（1964）
実験水路（日本）	3.31(8月)	沖野（1964）

の酸素量の収支から算定するものです（現場法）。

また は、実験室内で一定時間、一定の光量で（疑似現場法）、あるいは光量を変化させて（光—光合成曲線によるクロロフィル法）測定する例もあります。表2-1に以上のような方法で測定された基礎生産力の測定結果を例としていくつか示しました。しかし、これらの方法ではいずれも流水・付着という河川の環境特性が再現されていないという弱点がありました。

その弱点を克服するための試みとしては以下のようなものが報告されています。

その一つは室内あるいは屋外に溶存酸素計をつけた測定装置を設置して、中の水をポンプで循環させるものです。装置は当然密封系ですが、水が動いていることで河川の特徴を再現しています。しかし、装置はどうしても大型になるためどこでも手軽に測定するというわけにはいかないという不便さがありました。

この装置でも使われていた溶存酸素計が携帯用機器として開発されたことで現場で基礎生産力を測る手法を新たに考えることができるようになりました。そこで新たなもう一つの方法を考案しました。屋外で直接溶存酸素量を測定できる溶存酸素計に連続的にデータを記録する装置をつなぎ、測定後にコンピュータで記録

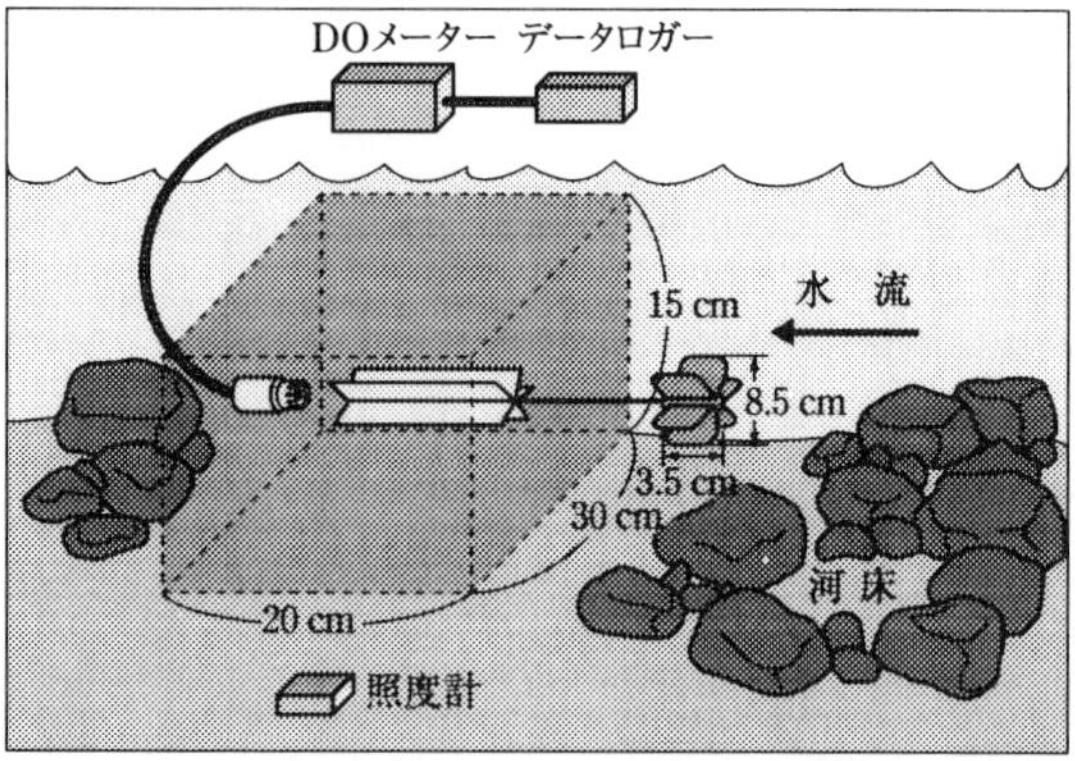

図 2-4　河川の付着藻類による基礎生産力測定の現場法に使われた装置の概略図（辻本，2001）

千曲川で実際に使われた河川用基礎生産測定装置

を読みとります。これによって現場の河川水中に装置を設置し、時間経過による装置内の溶存酸素量の増減から基礎生産量を算定する方法です。装置の中の水は装置に取り付けられている外側のプロペラを河川の水流で回します。この装置の外側のプロペラの軸は装置の中に通してあり、その軸は内部の水車とつながっています。外側のプロペラが回転することで内側の水車が回り、内部の水を動かします（図２－４）。水そのものは密封されてしまいますが、短時間の測定で内部の水は交換するようにし、水中の酸素、炭酸ガス、栄養塩類が不足したり、過剰になったりしないように配慮しました。装置の内部には川底の礫が入れてあります。礫には自然に発達した付着藻類が着いていますが、礫表面の一定面積（一〇×一〇平方センチメートル）だけを残して、あらかじめ他の部分の付着物は歯ブラシでこすり落としておきます。この装置を一定時間実際の川の中に放置して、自記録された溶存酸素量の変化をパソコンで読みとります。測定する際の礫の大きさ、水量から考えると装置の大きさは三〇×二〇×一五センチメートル程度となりますが、以前の測定に使われていたものに比較すれば小さいと言えます。

写真は長野県を流れる千曲川で実際に使った装置ですが、うまく測定できるようになるまでには、これでも三年ほどの歳月がかかりました。最も手こずったのが装置の外のプロペラを水流でスムーズに回すことでした。最初は水車を発想したのですが、水車は羽の一部を水流に浸けることで回しています。この装置は全体が河川中に没していますから、水車も全体が水中にあり、上下に当たる水流が拮抗して回転しません。そこで川底の礫を組み替えてわざと乱流を起こさせて水車を強引に回してみたのですが、回転が不規則になり、きれいなデータがなかなか得られませんでした。最終的には、ある先生からの提言をヒントにしてプロペラの構造を風車式に変えて、そのプロペラを水流に直面させることで円滑な回転を得ることができました。その結果、水中の溶存酸素量の変化についても連続的にきれいな結果が得られるようになりました。

この装置を使って得られた結果から図2－5に示すようなことがわかりました。礫に付着する付着物量は時間の経過で変化していきます。付着物量が多ければ当然基礎生産力も大きくなるように思いますが、実際の生きている付着藻類当たりの純生産力は付着物量の少ない付着初期に高く、付着物量が多くなる

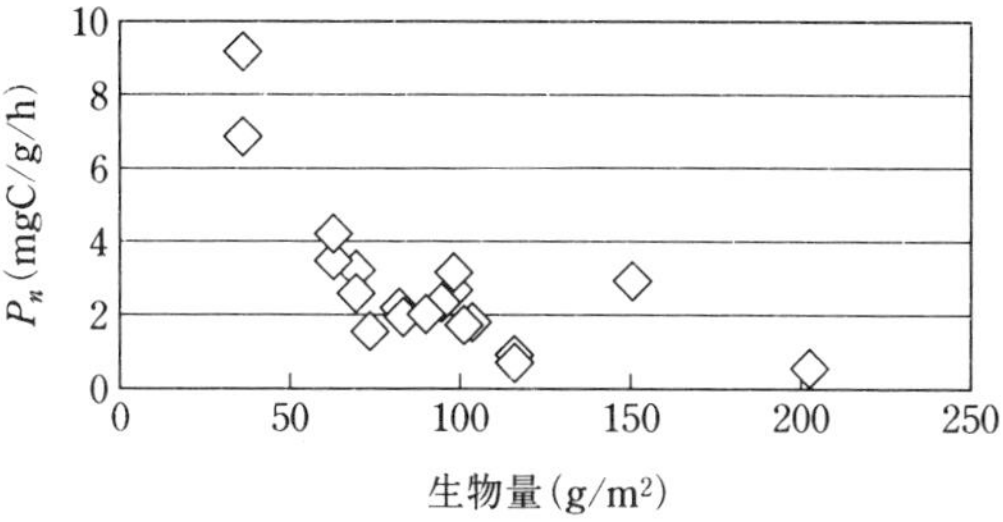

図 2-5　千曲川中流部での付着物量と純生産力との関係（辻本，2001）

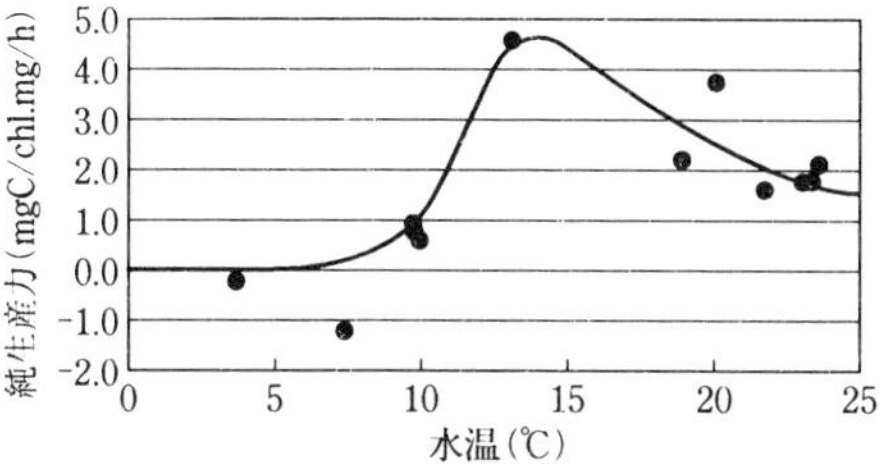

図 2-6　千曲川中流域での付着藻類の純生産力と水温の関係（辻本，2001）

表 2-2 世界の河川で測定された河川中流域の日総生産力

河　川　名(国名)	日総生産力 (gC/日・m^2)	測　定　者(測定年)
千曲川中流域	3.25〜4.15	辻本 (2000)
Hudson River	1.50〜3.44	Swaney (1999)
Mary River (オーストラリア)	2.04	Bunn ら (1996)
MERS (アメリカ)	0.05〜11	Sheldon, Taylor (1984)
Havelse River (デンマーク)	4.5〜9.71	Siminsenn, Harremoes (1977)
Itchen River (イギリス)	2.06〜5.25	Butcher (1964)
Flint River (アメリカ)	0.84〜4.84	Courchin (1960)

(クロロフィルa量にして一平方メートル当たり一〇〇ミリグラム以上)とほぼ一定の純生産力に収斂してきます。これは付着物量が多くなると、他の微生物の呼吸量が増加するためです。

基礎生産力は水温によっても大きく変わりますが、水温が低い(摂氏一〇度以下)時には、付着物量が少ない時点では純生産力はマイナスという結果でした。そこで、クロロフィルaにして一平方メートル当たり一〇〇ミリグラム以下の時の測定結果をもとにして純生産力と水温との関係を整理してみました(図2-6)。これは千曲川の中流域での結果ですが、ここでは水温が摂氏一五度前後の時が最も基礎生産力が高いということになります。この付近で水温が一五度になるのは四月後半ですが、この時期は付着珪藻を中心として最も基礎生産力が高い時期にあることがわかります。

千曲川の中流域の水質は栄養的に高く、富栄養的です。湖沼と比較するとわが国で最も富栄養状態にある諏訪湖に匹敵するものと言えます。流れている河川水そのものは透明で、一見きれいに見えますが、河床の礫に付着する藻類の生産力はきわめて高く、仮に付着物を全部剝がして流せばきっと諏訪湖並の濁りとなるはずです。そうならない理由は藻類が河床の礫に付着しているからです。表2-2にはこれまでに報告されている世界の河川の中流域における日総生産力と今回測定された千曲川中流部での結果を示してあります。千曲川の中流域では一日に一平方メートル当たりにして三〜四グラムの炭素が生物体として生産されているのがわかります。仮に、平均川幅が五〇メートル程度とすれば、一〇〇メートルの河川区間で一五〜二〇キログラムの炭素（乾燥重量にして三〇〜四〇キログラム）が生産されていることになります。

フラッシュ効果　河川の付着藻類の生産力測定を研究している時に、もう一つおもしろい現象を確認することができました。川の流れが波立っている所では、その波の影響で水中に入った光は周期的に変化します。その結果、川の底で光を受ける植物は光の強弱の変化に刺激されて光合成の活性を高めると言うもので、これをフラッシュ効果と呼んでいます。河川の付着藻類の生産力が高い原因はこのフラッシュ効果にあるとするものですが、確認した例は聞いていません。

たまたま千曲川で生産力測定をしている時に使用した照度計で、河川の底に到達する光が波の影響で振幅する様子をつかまえることができました。その振幅は波の大きさで変わることもわかりました。そこで、光の振幅の異なる場所で付着藻類の光合成力を測定してみたところ、光の振幅の大きい場所、つまり波が立つ瀬状の場所の方が光合成活性が高くなりました。河川の瀬状の部分での生物生産力が高くなる一つの要因としてフラッシュ効果があることを現場で確認できたわけです。この結果については未だ論文で発表できていないので詳細については触れることができませんが、河川の研究ではまだまだおもしろい研究課題が残されている実例とも言えます。

河川の水生植物　河川の水生植物の多くは水辺に生育する抽水植物や湿性植物ですが、限られた種ではありますが流水性の沈水植物も存在します。流れの速い、中流域の大きな河川や下流域の透明度の低い、水深の深い河川には見られませんが、上流域の小河川や水路、流れが緩く透明度の高い河川には沈水植物が流れに沿ってゆらゆらと揺れている光景を見ることができます。

上流域の清流で見られるバイカモは代表的な流水性水生植物の一つで、五月頃に水面に白い、小さな花を開花させています。以前はどこにでも見られた植物ですが、水質の変化や河川の改修で人家近くでは見られなくなっているのは寂しいかぎりです。同じ流水性水生植物の代表的なものにヤナギモがあります。ヤナギモは上流域でも平地部の、比較的流れが緩くなった地域に見られ、七月頃にバイカモと同様に水面に花を開かせます。バイカモもヤナギモも多年生ですが、結実した種子は流れによって流下し、下流で発芽、生息域を拡大できますが、その範囲には限りがあります。上流部の生息域の環境が損なわれ、生育ができなくなれば下流域を含めて消滅しやすい水生植物でもあります。

湖沼に主な生息域を持つ水生植物で、河川でも見られる種類もあります。それらは湖沼のような止水域を中心にした流入、流出前後の平地部に見られるものです。エビモもその一つですが、諏訪湖のような止水域では栄養細胞としての殖芽を形成し、一年生で繁殖を繰り返すのに対して、諏訪湖の流入河川に生息する流水域でのエビモは殖芽を形成せず、多年生の生活をしています。同じ種で、同じ地域にありながらこのような違いが生じる原因としては流速の違いが考えられますが、一体どの程度の流速で生活の仕方を変更するのでしょうか。その機構についてはまだよくわかっていないようです。

エビモ（*Potamogeton crispus*）もヤナギモ（*Potamogeton oxyphyllus*）も属名は*Potamogeton*です。*Potamogeton*の*Potamo*は河川と言う意味ですから、他の*Potamogeton*属も多かれ少なかれ平地部の河川で普通に見られた種属でしょう。

付着藻類が水中の栄養塩を吸収して生産活動をしているように、水生植物も光合成と同時に水中から栄養塩を吸収しています。付着藻類が底面に面的に密な構造をしているのに対して、水生植物は水中に立体的な構造を作り、光を効率よく利用して生産活動をしています。その結果、水中から多くの栄養塩を吸収、除去する役割をしているということで、水質浄化の面からも水生植物が見直されています。同時にこの立体構造が動物群集の生活の場としても利用されており、河川水中の生態系の維持にも大きな役割を有していると理解されるようになりました。

水生植物の水中への酸素供給

水質浄化に果たす水生植物の役割にはもう一つ水中への酸素の供給があります。酸素の供給は河川に流入した有機物の分解に利用されるばかりでなく、水生植物群落に生息する動物群集に好気的な環境を提供する役割をも果たしています。アメリカの著名な生態学者オダム氏による有名なSilver springでの水生植物による生産力の研究がありますが、水中の植物群集のおよそ八〇パーセント近くが水生植物の現存量で占められていて、植物群集全体の太陽光の利用効率は五・三パーセントにも達すると報告しています。ここでの酸素の収支に相当する呼吸商（O_2/CO_2）を計算すると、夏場は平均で一・三八、冬場は〇・九五ですから、夏は水中に酸素が供給され、冬はプラスマイナスゼロということになります。つまり、水温の高い、分解が活発に起こっている時期には供給された酸素が水中の有機物、汚染物の分解に有効に使われることを意味しています。

茨城県下館市に田谷川という用水があります。一九七〇（昭和四十五）年当時、この用水には沢山の沈水植物が生えていました。当時は生活排水がこの用水にも流入し水質汚濁が問題となりつつありましたが、ここで水生植物の供給する酸素が流入する汚水の浄化にどの程度寄与しているかを測定してみました（新井、沖野、1973）。約一キロメートルの市街地を流下する間に流入する一日間の汚濁負荷量は、酸素量にして高温期（八月）は二七九キログラム、低温期（十一月）は一六三キログラムでした。この汚濁負荷量に対して高温期にはその約六〇パーセントに相当する汚濁有機物を水生植物の供給する酸素で浄化している結果となりました。生物の活性の下がる低温期には当然そのような働きは少なくなり、一〇パーセント程度の寄与率でしかありませんでしたが、分解活性の高い、他の生物が活発に活動する高温期での酸素供給は水中の生態系維持に重要な意味を持っています。

水生植物を水から引き上げて、植物体を洗ってみると、貝類や水生昆虫類が、また、その洗い水を顕微鏡で見れば付着藻類や微小動物など、多様な生物が、沢山生息していることがわかります。その他にも、水中では魚類の成魚や仔稚魚、エビ類などがそれぞれの生活の場として利用しています。水生植物群落の生態系に果たす役割は物質的な面ばかりでなく、環境の質的な面でも重要であることがわかります。このような環境を維持していくためには良好な水質を保つばかりでなく、河川自体の自然形態を維持していくことが特に重要であり、生態学の知見を含めた河川工学の発展が期待されるところです。

底生動物群集

水生昆虫類

河川で付着藻類に次いで重要な生物群集は底生動物です。河川の底生動物にはプラナリア、ウズムシなどの扁形動物、イトミミズ、ヒルなどの環形動物、カワニナ、タニシ、シジミなどの軟体動物、甲殻類、昆虫類などの節足動物があげられます。中でも昆虫類の幼虫を主体とする水生昆虫類は付着藻類の生物量をコントロールし、魚類へ生産物を流す重要な役割をしています。河水中から手頃な礫を拾って、その表面や裏側を見ると礫面にへばりついたり、巣に入っている水生昆虫類を簡単に見つけることができます。

今西（1938）が水生昆虫類の成虫の形態は比較的類似しているのに、幼虫の形態が様々であることはなぜだろうか、という疑問から水生昆虫類の生活型と河川形態との関係を解析し、動物の棲み分け理論に発展さ

表 2-3 河川の流速と生息する生物との関係（可児，1944を一部変更）

流速区分(m/sec)	流水の状態	生物の生息	水産的価値
1.7以上	大石流転，河床掘削	——	低い
1.2〜1.7	粗礫移動，砂・粘土の河床への定着なし，底質不安定	付着珪藻類の生育良好，藻食性魚類の生息域	あり
0.6〜0.8	砂・細礫定着しない，中程度の礫以上は定着，河床は安定	付着藻類の生育良好，水生昆虫類多い，マス，その他の魚類生息	高い
0.3〜0.5	細礫・粗砂沈積，有機物残渣定着しない	生物の生息基盤としては悪い，付着藻類の生育困難，水生昆虫類少ない	良
0.2以下	有機物残渣定着，底質は泥質	生物生産は高い	高い

せたことは有名な話です。つまり、河川形態によってそれに適した生活型の水生昆虫が生息していることがわかります。

河川形態については、生態学的な視点から可児(1944)が流速と河床の状態、そして、そこに生活する生物との関係を表2-3のように整理して示しました。

その後、津田(1953, 1962)[11]は河川の底生動物を生活型によって六つに分け、淵と瀬にはそれぞれ特徴のある生活型の底生動物が生息していると説明しています。その内容は次のようになっています。

瀬では①造網型、②固着型、③匍匐型の三つの生活型のものが優占しています。

造網型は水生昆虫の幼虫が分泌する絹糸を用いて捕獲網を作るもので、シマトビケラ科、ヒゲナガカワトビケラ科に属するものです。石面や石の間に固着性の巣を作り、捕獲網を張って、流下する藻類を捕食しています。底質が石、礫で形成されている地域で優占しています。

固着型はしっかりとした吸着器官または釣差器官で岩や流木などに固着しています。アミカ科、ブユ科に属する昆虫が多く、あまり移動はしません。

匍匐型は石面や礫面を這って移動するもので、ナガレトビケラ属、ヒラタカゲロウ科、ドロムシ科、ヘビトンボ科などがこれに入ります。最近は、このうちヒラタカゲロウ科のような、体が扁平で、石の表面を滑るように移動するものを滑走型と区別する場合もあります。

淵では①携巣型、②遊泳型、③掘潜型の三つの生活型が優占しています。携巣型は文字通り巣を持ちながら、巣と共に匍匐運動をしながら移動するタイプです。筒型の巣を持つ水生昆虫で、毛翅目の多くがこれに入ります。

遊泳型も文字通りのもので、チラカゲロウ科のように主として移動は遊泳によって行われます。

掘潜型は砂、泥の中に潜って生活するものであり、モンカゲロウ、サナエトンボ科、ユスリカ科に属するものです。

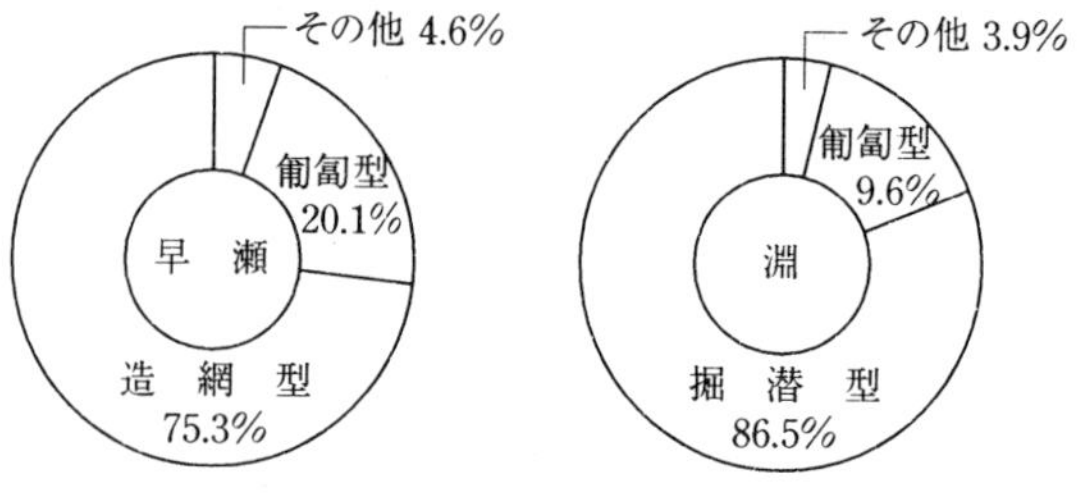

図 2-7 水野と御勢（1972）による吉野川上市の早瀬と淵を対象にした底生動物（各生活型）の生息割合（現存量）の違い

水野と御勢（1972）[19]は吉野川上市の早瀬と淵を対象にして各生活型の生息割合（現存量について）の違いを報告しています。それによると、早瀬では造網型が七五・三パーセントと圧倒的に多く、次いで匍匐型の二〇・一パーセントでした。一方、淵の場合には、掘潜型が八六・五パーセントと圧倒的で、次いで匍匐型の九・六パーセントとなりました（図2－7）。これを見ても河川の物理的な環境と生物の生活形態には密接な関係があることがうかがわれます。早瀬で圧倒的に多い造網型の水生昆虫も底質や流れ、水深の異なる淵では生活ができず、生活の場をそれぞれに棲み分けていることがわかります。

津田（1959）は魚類を除く、全底生動物の現存量に占める造網型水生昆虫の割合を造網型係数と名付け、この係数と現存量との関係を検討しています。その結果、全水生昆虫の現存量が一平方メートル当たり二〇グラムを越える場合には造網型係数が八〇パーセント以上になること、現存量が二〇グラム以下の場合にはケースバイケースで大小様々になることが多く、係数が低い場合は現存量も少ないと報告しています。造網型水生昆虫類は流れの速い早瀬に多く生息しています。早瀬は出水の影響を受けやすい地域です。そこで底生動物の現存量が多い場合、一般には造網型水生昆虫が増加していて、造網型係数を大きくしています。造網型係数が大きいことは河川の流況が長く安定して、底生動物群集の構造が極相に近づいていることを示しているとも言えます。

早瀬に生息する底生動物群集は出水によって増減を繰り返します。大出水が起こればほとんどゼロからの出発になります。水野、御勢（1971）は吉野川水系で得られた資料をもとにして、いったん破壊されてからの遷移を次のようにまとめています。

(1) 優占種は（カワカゲロウ→モンカゲロウ→シマトビケラ—カワゲラ類→シマトビケラ）三十日ほどの短周期で変遷する
(2) 現存量も次第に増加していく
(3) 生活型からみた遷移は、匍匐型→匍匐型—造網型→造網型、の傾向にある
(4) 底生動物群集の遷移過程は、優占種のない群集→匍匐型優占群集→匍匐型—造網型優占群集→造網型優占群集、となる。

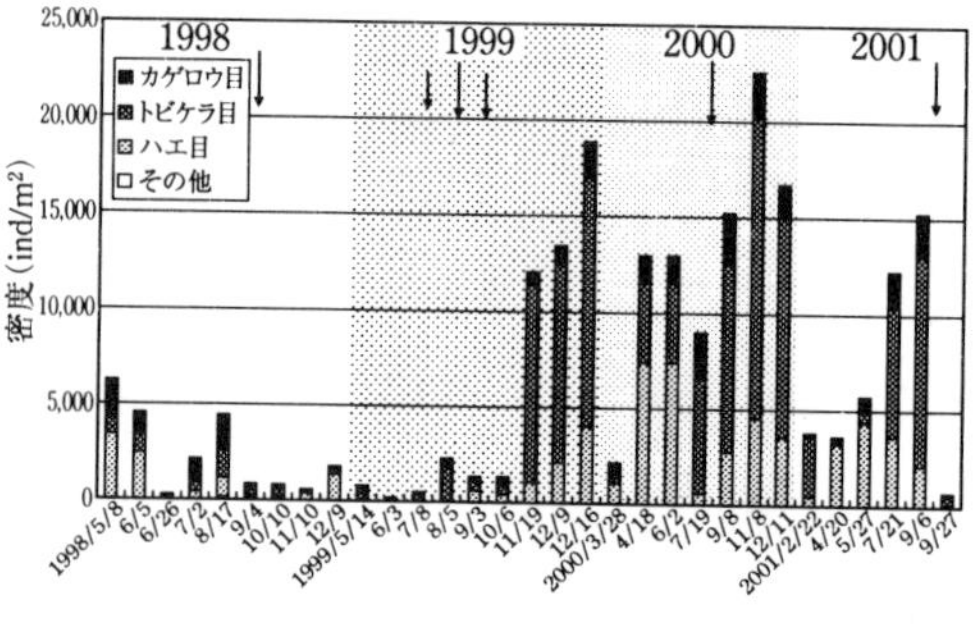

図 2-8　橋本，中野（2002）による千曲川中流域（坂城町鼠橋）での大出水（1999年 8 月）後の底生動物の回復の様子

そして、極相となる造網型優占群集はシマトビケラ科が優占する亜極相と、ヒゲナガカワトビケラ科が優占する真の極相に分かれている、としています。

一九九九年には八月から九月にかけて日本を直撃した台風が二回もありました。特に九月に襲来した台風は千曲川の流路を大きく変えるほどの二十～三十年に一回起こる程度の大出水をもたらしました。当然、千曲川の底生動物群集は壊滅し、ゼロからの出発になりました。ちょうど千曲川では一九九七年から継続的な河川生態学術研究が行われていたところでしたから、早速に底生生物のゼロからの回復を追跡することにしました。図2－8に橋本、中野（2002）[15]が測定したその時の結果を示しておきます。

生活史の短い付着藻類は最初の数日が過ぎ、一週間から十日ほどになると急激に増殖を始めます。その増殖が始まる頃から底生動物の中でも生活史の短いユスリカ類の幼虫が増加を始め、その後は水野、御勢が示した過程で遷移していきました。初期の底生動物は小型のものが多く、個体密度は増加しますが、現存量の回復は遅れるという特徴があります。それでも翌年の現存量は出水による撹乱以前よりも多くなる傾向が認められています。ただし、細かな群集構造には撹乱前と回復一年目とでは違いがあり、極相に達するにはより多くの年月がかかるものと思われます。そして、極相時が必ずしも現存量の最大時とは一致しないことが推定されます。河川環境は変動することに特徴があり、周期的な環境の変動が河川の生物群集の特性を維持していることを理解する必要があります。

底生動物の現存量の測定

河川の底生動物の現存量を知るためには定量的な採集方法が必要になります。陸上植物や移動力の少ない陸上動物でも行われているコドラート法が底生動物の場合にも多く使われています。コドラートは四角の意味ですから、川底に適当な大きさの正方形の面積をとり、その中の底生動物を全量採集する方法ですが、川には流れがありますから、それなりの工夫が必要になります。コドラートの大きさはそれぞれの場所に適した大きさに決める必要がありますが、経験的には一辺が三〇〜五〇センチメートル方形がよいでしょう。

道具としては三〇〜五〇センチメートルの方形枠（鉄製）にプランクトンネットを付けたようなサーバーネットが使われます。川底に方形枠をセットしたら、このネットを直角に立てて吹き流しのように流れに流しておきます。方形枠の中の石を全量適当なバケツに取りあげ、その時に流れる底生動物をこのネットで受けるためのものです。ネットの編み目は〇・一ミリメートル程度の物を使っていますが、あまり細かすぎると水が溢れて流下する底生動物を逃がしてしまうおそれがあります（写真参照）。

サーバーネットで水生昆虫を採る様子

バケツの中に入れた石はバケツの中の水で丁寧に洗って、石の表面にいる底生動物を洗い落としたら、石は外に出します。この時に石の長径、短径を測定しておけば、その場の底質も知ることができます。ネットに採集された底生動物もバケツの中に一緒にして、大きな木片や葉などは取り除いて、バケツの中の洗い水を、残ったゴミごと適当なネット（一〇〜一五センチメートル四角）で漉し取り、ネット上の残物をすべて、ネットごと一〇〇ミリリットル程度の広口ポリビンに入れ、アルコールで固定して持ち帰ります。持ち

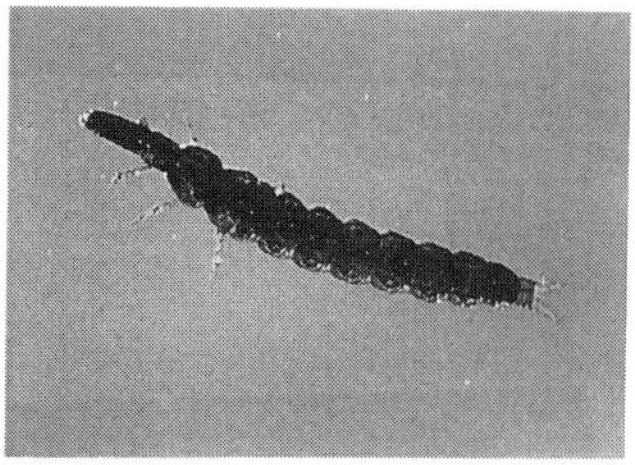

（幼虫）

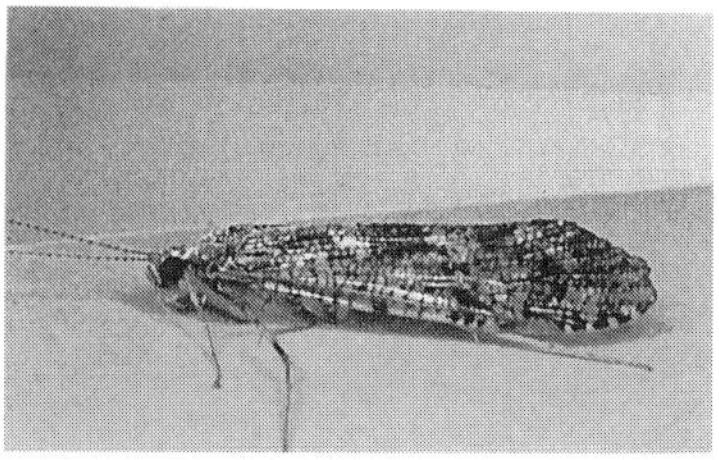

（成虫）

ヒゲナガカワトビゲラの幼虫と成虫

帰った試料は白いバット（写真現像に使ったような）に全量あけて、種の同定や個体数の計測を行います。現存量の測定はできれば種ごとにまとめて、湿重量、乾燥重量を測定し、一平方メートル当たりの乾燥重量として算出します。

水の代わりにお湯を使う場合もあります。巣に入っている水生昆虫はお湯を入れるとびっくりして巣から出るので、採集しやすいというわけです。また、このバケツ半分くらいのお湯にひと摑みの塩を溶かして使うと、水生昆虫などの生物はバケツのお湯の表面に浮いてきて、集めやすくなります。生物の体は比重が一よりやや大きく、淡水では沈みやすいわけですが、塩を加えることで水の比重を上げ、相対的に生物の比重を軽くさせるという、ちょっとした工夫です。しかし、使用後の塩水を捨てる際には気遣いが必要です。ネパールの河川でこの方法を使おうとカトマンズの街を塩を求めて歩いたことがあります。そこで売っている塩のほとんどは岩塩で、水に溶けにくく往生したことがありました。良い方法も時と場合によって使い分けることが大切です。

これまでの底生動物の現存量測定では、多い例で一平方メートル当たり一〇〇グラム前後、一般には二〇グラム前後とされていますが、時期と河川の状況で、当然異なります。河況が安定し、底生動物の成長が蛹直前になる冬の終わりから春にかけてが最も現存量は大きくなり、個々の動物の同定もしやすくなります。特に、ヒゲナガカワトビケラのような造網型の水生昆虫が多い河川の現存量は冬季に大きくなります。信州の天竜川流域では以前からこの水生昆虫類をザザムシと称して食用に利用してきました。現在のザザムシの中身はほとんどがこのヒゲナガカワトビケラの幼虫（写真参照）ですが、その採取時期は現存量が大きくなる寒中、2月頃で、地元の風物詩にもなっています。

上流、中流、下流という大きな地理的違いによっても、そこに生息する生物相には差異があります。特に移動力の少ない水生昆虫を主体とする底生動物には違いが見られます。上流域は概して河川勾配が急で、きれいな、冷たい水が流れています。底質も巨岩が多く、春から秋にかけては上空を河畔に繁茂する樹木の樹冠で覆われ、日差しが遮られていることが多いでしょう。このような上流域に生息する動物類は冷水性のものが多く、底生動物ではカワゲラ類、ナガレトビケラ類、ヒラタカゲロウ類、ブユ、アミカ類などが上げられます。カゲロウ類は出現種数も多く、二〇～三〇種にも及びますが、現存量は一平方メートル当たりで一～二グラム以下の少なさです。その理由の一つは食物の量にあります。上流部では餌となる付着藻類が少なく、落葉の分解物や陸上から供給されるわずかな有機物に依存して生活している底生動物が多いようです。上流部の水生昆虫の窒素と炭素の安定同位体比を測定すると、河畔林の葉のそれに近い値となることからもそのことが推定されます。

中流域の底生動物

中流域になると水質も変わり、水温も上昇し、河原は広く開け、流れも緩やかになります。河床には礫が多く、付着藻類も発達し、餌の供給量も多くなります。このような環境特性を持つ中流域に生息する底生動物の代表的なものとしては、ヘビトンボの幼虫、ヒゲナガカワトビケラ、ウルマーシマトビケラ、オオマダラカゲロウ、エルモンヒラタカゲロウなどがあり、出現種数は二〇～三〇種、現存量も五～二〇グラム、それ以上にも達します。中流域の下部にはモンカゲロウやシマトビケラ類、ユスリカ、ガガンボ類も多数出現するようになり、魚類や鳥類の餌として利用されています。

日本の河川は急流で、短いものが多いので、本来の下流に相当する地域は限られていますが、底質が土砂になり、水深が深くなれば、底生動物の組成も大きく変わり、ユスリカ類、イトミミズ類、貝類などが主役となります。

このように河川の底生動物は大きな地理的環境の違い、局地的な地形的環境の違い、季節的な環境の変化、出水による時間的環境の変化などが総合して影響し、それぞれの生物の生活型に合わせて分布を形作っていることがわかります。

生物種の生活史や生理特性を知る

個々の生物種の生活史や生理特性を知ることも河川を理解する上で大切なことです。水中で生活する水生昆虫類の幼虫は鰓を使って呼吸をしています。この時に使われる酸素は水中に溶存している酸素です。水生昆虫類は各体節に付いている気門で呼吸を行っていますが、その形はそれぞれの種によって、形態（葉状、枝状、指状、そう状）も付いている位置（胸脚基部、腹脚基部、腹節の背面側縁、腹節背面と腹面、尾周辺）も様々です。これは生息している河川の環境に適した形態となっていて、カゲロウ類だけを見てもそれぞれの生息する環境によって異なっています。吉田[10]（1992）は次のようにその特徴を説明しています。

例えば、早瀬の礫面に生息するウエノヒラタカゲロウ、エルモンヒラタカゲロウの鰓は葉状で、広く、大きい鰓を、中流域に生息するシロタニガワカゲロウは柳の葉状と枝状、中—下流域に生息するマダラカゲロウ類は厚い葉状の鰓、下流域のトウヨウモンカゲロウは密集した枝状の鰓を持ち、鰓の付着場所は腹部の各腹節背面や側縁部です。カゲロウ類は体を上下に動かしながらこれらの鰓を動かして水中の溶存酸素を取り込んでいます。上—中流域に生息するトビケラ類は移動可能なツツトビケラ類や礫の間に巣を固定するヒゲナガカワトビケラ、シマトビケラでは鰓の形態が異なっています。同じように巣を固定するヒゲナガカワトビケラ（尾部末端背面に数個の指状鰓）とシマトビケラ（腹部腹面にそう状鰓）の間でも鰓の形態、付着位置に差があり、微細な生息場所の違いが水生昆虫類の生活行動に大きく影響していることを知ることができます。

大まかに言うと、流れの速い所で生活する水生昆虫類は礫面に付着し、流されないように扁平な形態を持ち、水中で酸素を多く摂取できるように接触面の大きくなる葉状やそう状の気管鰓で呼吸しています。他方、流れの緩やかな岸辺や平瀬に生活する水生昆虫類は体型が厚めで、中でも礫の間に巣を張るような水生昆虫類は巣の中で体と鰓を動かし、できるだけ多くの酸素を水中から摂取するような動きをしています。

ヒゲナガカワトビケラの生態

西村(1987)はヒゲナガカワトビケラの生態について詳しい解説を行っています。ヒゲナガカワトビケラはすでに紹介したように信州の南部、天竜川水系ではザザムシとして食用にも供されてきた、河川中流部で身近に多く見られる代表的な水生昆虫の一種です。西村は早朝に羽化、群飛する成虫を捕虫網で捉え、その性比が圧倒的に雄の多いことに疑問を持ったと記しています。流れのある河川を生活の場とする水生昆虫は水面で羽化して、大気中に飛翔し、生殖活動をします。産卵を羽化したその場所で行うとすれば、卵は下流に流れてしまい、その水生昆虫の分布域は次第に下流に移動、やがては消滅してしまうはずです。しかし、現実には大きな河況の変化が無い限りはその分布域は大きく変わりません。とすれば卵は、あるいは若齢の幼虫は上流部から流れ下り、定着しているとしか考えようがありませんが、成虫の飛翔力はそれほど大きいとは思えません。その疑問を解くには詳細な、根気のいる観察が必要ですし、それぞれの水生昆虫の幼虫から成虫へ、成虫の生殖行動から産卵行動へと、その生活史を詳しく追跡する必要があります。

西村のヒゲナガカワトビケラについての報告はその一つの例として優れたものです。上の疑問に対する結論は、西村の詳しい観察の結果解決することができました。成虫の雌は生殖活動を終えると、夕暮れ時に川

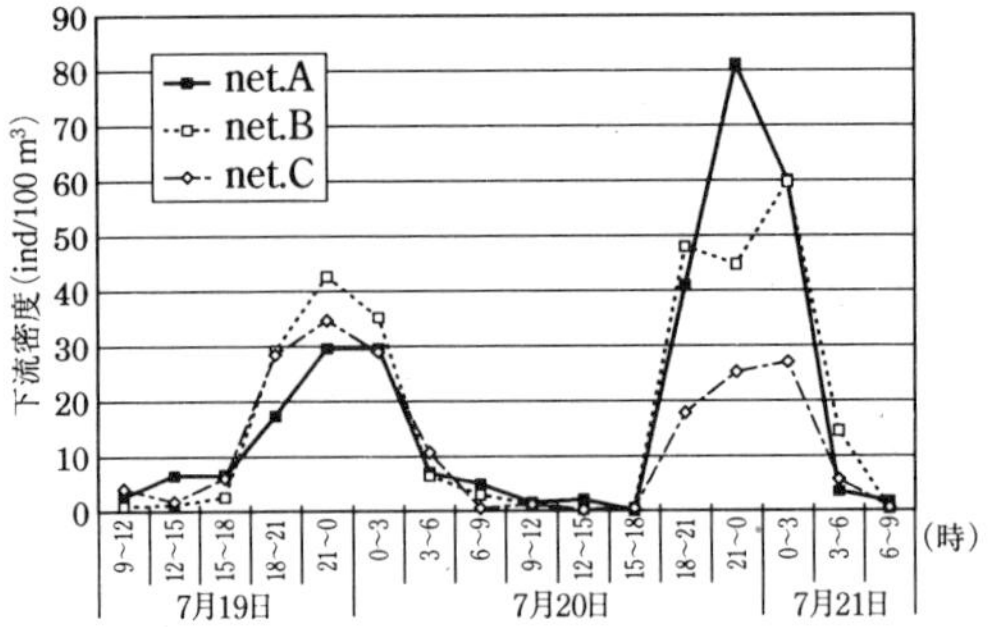

図 2-9　橋本（2002）による千曲川中流域での底生動物の流下行動

表 2-4　千曲川中流域での水生昆虫類の個体構成比と流下昆虫の構成比（橋本，2002）

水生昆虫(科名)	生活型	流下構成比(%)	個体構成比(%)
コカゲロウ科	遊泳型	49	5
ヒラタカゲロウ科	匍匐型	4	3
マダラカゲロウ科	匍匐型	2	8
シルトビケラ科	造網型	20	50
ユスリカ科		16	19

の流心付近の水面すれすれを、上流に向けてかなりの速度で遡上していたのでした。ではどのくらいの距離を遡上するのか、産卵の位置はどこか、観察からは新たな疑問が出てきます。これが研究の発展につながり、河川そのものの研究の基礎として重要な手がかりとなっていきます。ヒゲナガカワトビケラの生活史についての詳しいことは西村登著「(日本の昆虫) ヒゲナガカワトビケラ」(文一総合出版、1987)[3]をお読みください。

　河川の底生動物が平常にも流下していることについては一九六〇年代からいくつかの河川で確認されてきました。その流下には日周期があり、一般に夕方から早朝にかけて多く流下することも確認されています。この流下行動は魚類に対する餌供給の面、また底生動物自身の分布、生産面からも重視されています。

　図2‐9は橋本（2002）によって観察された千曲川での例です。千曲川の中流域（坂城町鼠橋付近）で行われた二昼夜にわたる流下昆虫の観察でも、薄暮の頃から早朝にかけて流下が行われていることがわかりま

す。しかし、すべての水生昆虫が同じように流下行動を行っているわけではありません。同時に行われたその場所での底生動物の構成比と流下昆虫の構成比とを比較してみると、遊泳型の水生昆虫がより多く流下しています。この地域には造網型の水生昆虫類が多く（50％）生息していますが、流下昆虫に占める造網型の割合は二〇パーセントでした（表2－4）。

魚類群集

川の魚

河川で一般の人が最も目にする動物は魚類でしょう。子供の頃の川遊びでは川辺に寄ってくる仔稚魚を追いかけたり、大きくなれば釣りに出かける人も多く、川の魚は最も身近な存在です。しかし、その生態となると詳しいことは意外に知られていません。まずはそこに生息している魚種はどのくらいいるのか、現存量はとなるとわかっているようで、わかっていないことが多くあります。最近は国土交通省が行っている河川水辺の国勢調査で各河川の生物相が報告されていて、観察した種類については或る程度把握されています。例えば、平成九年度の報告では信濃川全域で五五種の魚種が確認されています。この報告には上流域は含まれていませんが、中流域の千曲川からはオイカワとウグイを代表的魚種とする三三種が、千曲川の最も大きな支流、犀川からはニッコウイワナ、ヤマメ、ニジマス、アマゴなどの冷水性渓流魚も報告されています。太平洋側に流れる天竜川でも同じ年度の報告に五六種が確認されています。天竜川での捕獲上位五種はウグイ、オイカワ、カワヨシノボリ、アユ、ギンブナでした。信濃川と大きな違いはないようです。

一方、千曲川でも在来性の魚類の生息を脅かす存在として危惧されている、外来あるいは他の地域から移入された魚種も多く確認されています。湖沼で問題とされているブラックバス、ブルーギル、河川での繁殖

表 2-5　千曲川での魚種の変動（長田，2002）

内　　容	理　由	魚　　種
①以前確認された魚種で現在は確認されない魚種	天然遡上魚	サケ，サクラマス，アユ，ウナギ
	水産目的で放流された魚	ハクレン
	アユ稚魚の放流時に混入した魚	アカヒレタビラ，イトモロコ，ホンモロコ
	飼育マニアによると思われる放流魚	ニッポンバラタナゴ，カダヤシ
②著しく減少している魚種		アブラハヤ，ヤリタナゴ，シナイモツゴ，シマドジョウ，ホトケドジョウ，アカザ，カジカ，メダカ
③増え続けている魚種	アユ稚魚の放流時に混入した魚	オイカワ，ハス，キンブナ，タイリクバラタナゴ，ギギ
	水産目的で放流された魚	ゲンゴロウブナ，カムルチー
	釣りマニアによると思われる放流魚	キンブナ，ゲンゴロウブナ，オオクチバス，コクチバス，ブルーギル
④外来魚と移入魚	外来魚	ニジマス，ブラウントラウト，カワマス，ハクレン，タイリクバラタナゴ，カダヤシ，グッピー，カムルチー，オオクチバス，コクチバス，ブルーギル
	移入魚	ウナギ，サケ，サクラマス，アマゴ，アユ，オイカワ，ハス，ビワコヒガイ，カワヒガイ，ゼゼラ，イトモロコ，ホンモロコ，キンブナ，ナガブナ，ニゴロブナ，ゲンゴロウブナ，キンギョ，テツギョ，ニッポンバラタナゴ，アカヒレタビラ，ギギ
⑤漁業協同組合による水産目的の放流と地元の小中学生による復活放流	漁業協同組合の放流	ウナギ，アユ，イワナ，ヤマメ，アマゴ，ニジマス，ウグイ，コイ，ゲンゴロウブナ，カジカ
	復活放流	サケ，サクラマス

が危惧されるコクチバスなどの外来種も確認されているのが実状です。移入種としては、千曲川ではハス、ホンモロコ、ゼゼラ、ギギ、ウキゴリなどが上げられますが、これらは他の魚種の放流時に混入したもので、生物の自然分布に及ぼす人間の影響は水中にまでも及んでいることがわかります。

千曲川河川生態学術調査で魚類の生息分布を担当した長田（2002）は近年の千曲川での魚種の変動を表2－5のように報告しています。

魚は遊泳力の弱い仔稚魚期には下流へ流されやすく、それを回復するために河川で一生を過ごす魚類も成魚期には産卵のため上流へ遡上します。サケ、アユ、ウナギは河川と海を往復する「通し回遊魚」ですが、これには四つのタイプがあります。その一つはサケ、サツキマスで代表される「遡河回遊魚」で、産卵のために川を遡ります。その二は「降下回遊魚」、産卵のために川を下り、海水中で産卵、淡水中で成長するウナギ類がこれに相当します。第三は「淡水性両側回遊魚」でアユや多くのヨシノボリ類です。これらの魚は淡水中で産卵します。海に降って或る程度まで成長し、遡上しますが、淡水中でもさらに成長をつづけます。最後が「海水性両側回遊魚」ですが、日本にはほとんど見られないタイプで、「淡水性両側回遊魚」の逆のタイプです。現在の日本の河川の多くには堰堤やダムが多く建設されており、これらの魚類の生活環境は決して良好とは言えないのが実状です。

このように遡上、降下する魚種の減少あるいは消失の原因は河川本流に築造された堰堤、ダムによる影響ですが、狭い地域で生息する魚種の減少は水質の悪化によるところが大きいと考えられています。これは千曲川だけに限ることではなく、全国的な現象とみても大差ないのではないでしょうか。遡上・降下の阻害、水質悪化、いずれの場合も人間の影響であり、これまでの人間の行為がいかに他の生物の生活を無視して行われてきたかを示しています。

川の魚類の生態特性

以上は河川全体での魚類の生息状況や上流、中流、下流といった大きな地形変化による魚種の分布についてみたものです。さらに大きな地域的分布特性にはそれぞれの魚種の生理特性や進化過程が関わっています。本書ではその部分については他書にゆずり、より細かな分布とごく一般的な生態特性について紹介することにします。

千曲川のような河原の広い中流河川には、洪水時にできた大小様々なワンドやタマリが分布しています。河原の洲が発達して川筋が湾入したり、本川と隔離した小池をワンド、タマリと呼んでいます。河床勾配が急に緩くなる地域では洪水時には水路が網目状に形成され、水量が減ると取り残された水域が形成されます。千曲川中流域ではその水面面積は全水面面積の一割にも達するとされています。これらのワンド、タマリは河川の魚類にとってどのような役割をしているのでしょうか。

本川に生息する魚類も仔稚魚は川岸の流れの緩い所に群れて生活しています。大きな魚はアユのように早瀬の礫面で増殖する付着藻類を食するために流れの速い瀬の部分でも生活しますが、流れを嫌う魚種は淵に集まり、早瀬から流下する水生昆虫や陸棲の落下昆虫を食しています。釣り人が釣り糸を垂れている所を見れば、日常の魚の行動域や住処を知ることができます。ワンドやタマリは止水性の魚種の生活場所、あるいは洪水時の避難場所として河川の魚類に利用されていると考えられています。

最近は河川の魚類の行動観察にもアクアラングが利用されるようになり、魚類の生活を詳しく知ることができるようになりました。しかし、本流の流れの速い所や早瀬とつながる淵は水流の影響が強く、危険であり、相当に熟練した人でも観察は容易にできないと聞かされています。一般の人には危険ですから避けた方がよいでしょう。ワンド、タマリの場合は流れもきわめて緩く、危険も少ないので千曲川の研究の際にもアクアラングを使用して観察が行われました。

その観察結果によると、昼間は岸辺の植生の陰や構造物、木の根茎の下などにじっと隠れている魚も、夜になると泳ぎだし、活発に行動する姿が数多く見られました。洪水直後のワンドやタマリには大型のコイやフナが多数避難していることもわかりました。しかし、これらのワンド、タマリは大洪水では形態も変化し、時には消失してしまいます。また、一度できたタマリも水位が減少すると干上がってしまうものもあります。安全な生活の場を選ぶ魚も大変ですが、河川はすべての点で変動がキーワードですから、魚もその辺は心得ているのでしょう。

魚類の現存量の測定

湖沼でも魚類の現存量の把握は大変ですが、河川でも魚類の現存量を知ることは大変困難です。千曲川研究ではたまたま河川工事のために本流の付け替えが行われ、またとない機会と、その工事を利用して一定区間の魚類の現存量測定が行われました。測定の方法は工事区間の上流部を締め切った後、下流に設けた魚類降下用水路に網を張り、一定時間ごとに降下した魚を捕獲、その減少率から降下魚の全数を算出します。それに締め切り区間内に残された魚全量を捕獲して足し合わせて現存量を算出しました。その結果、千曲川中流部での魚類の現存量は一平方メートル当たり八四・七グラムとなりました。直接採捕による同じ地域にあるタマリでの現存量が一平方メートル当たり三〇〜七〇グラムですから、結構沢山の魚が千曲川本流に生息していることがわかります。上記の八四・七グラムという量を具体的な魚で言うと、この地域で全魚種の約六〇パーセントを占めるウグイが一平方メートル当たりに三〜四匹、オイカワ一匹、その他の魚一匹、計五〜六匹の魚が泳いでいることになるそうです。ちなみに、この地域では二一種の魚種が確認されていますが、ウグイ、オイカワ、アカザの三種で全魚種の個体数の九二パーセントを占めていました。ウグイ、オイカワは雑食性ですが、アカザは水生昆虫などを食す動物食の魚です。

竹門（1991）(6) は日本の河川性魚種について、それぞれの生活史ごとの生息場所について、その条件を整理して示しています。例えば、ウグイは瀬尻のかけ上がりで産卵し、稚魚は瀬の岸辺やワンドの流れの緩い場所で生活、成魚になると早瀬と平瀬が組み合わさっているような場所でさらに成長しています。カワムツはヤマメ、イワナ、アユ、タカハヤと同様に淵尻の瀬頭で産卵をしますが、稚魚期には岸際やサイドプールのような流れの緩やかな場所で成長し、成魚になると淵へ流れ込む瀬状の場所で生活するようになります。このように成長に伴って生活場所を変えると共に食性も変える魚種が多く見られ、他の生物との関係は時空間的にも複雑です。

その他の生物群集

節足動物、甲殻類、両生類、は虫類、その他

河川の生物、それも水中の生物となれば付着藻類や水生植物などの植物群集、水生昆虫、魚類などが代表的ですが、水中に生活の一部を依存するその他の動物も存在します。天竜川の例でみると、節足動物、甲殻類のサワガニ、ヨコエビ、ミズムシ、ザリガニ、扁形動物のプラナリア、環形動物のヒル、ミミズ類、軟体動物のカワニナ、モノアラガイ、シジミの仲間、サンショウウオやカエルの仲間などの両生類、カメやトカゲの仲間のは虫類などが報告されています。そして大型の動物としてはほ乳類のイタチが以前は活躍していたと思われますが、イタチは全国的に減少し、現在の天竜川の生物目録にも見あたりません。

これらの動物群集のうち、両生類、は虫類やほ乳類は生活の全てを水中に依存しているわけではなく、その一部あるいは生活史の重要な時期を水中で多く生活しているものです。山地、渓流域に生息する両生類として代表的なものはハコネサンショウウオですが、その他にヒダサンショウウオが流れの緩やかな地域に生息しています。また、秋になるとナガレタゴガエルが渓流中で見られるようになりますが、これは繁殖のた

めで、早春まで渓流を生活の場として利用しています。このように水辺を利用するカジカガエル、モリアオガエルなどは水質の良好な上流域でのみ現在は見ることができますが、以前は里に近い河川でもごく普通に見られたのではないでしょうか。

カメの仲間ではクサガメ、イシガメ、スッポンが北海道を除く日本全域に生息しています。クサガメは漢字で書くとすると「草亀」のように思われますが、独特な臭いをもつカメで、「臭亀」です。臭いの元は腹下甲板と鼠蹊甲板にある臭腺からの分泌液です。クサガメはイシガメに比べて、体の大きさに対して頭部が大きいという特徴があります。食性は雑食で、タニシなどの貝類、魚などの死体、昆虫類、水草など多彩です。イシガメは日本の固有種で、主に河川の上流から中流域、山際の止水域を生息の場としています。オスは体長一二センチメートル、メスは二〇センチメートルほどになります。イシガメも雑食性ですが、クサガメに比較すると小型の動物やその死体、植物の葉や落下した植物の実などを食しています。

逆に最近増えている生物も見られます。その一つがミシシッピーアカミミガメです。天竜川からも報告されていますが、千曲川でも最近特に増えていることが報じられています。ミシシッピーアカミミガメはその名前からもわかるように原産地は北米のミシシッピー川下流域です。日本には三〇年ほど前からミドリガメという名前で商品化され、子供たちに人気のペットとして飼育されてきました。子供たちが喜んで飼っているミドリガメの時期はこのカメの幼体期で、体色は鮮やかな緑色をしています。体長も二〜三センチメートル程度で小さく、飼育もしやすいのが人気を呼んだ理由の一つでしょう。しかし、成長するとオスは二〇センチメートル、メスは三〇センチメートル近くにもなり、色も変わり、凶暴性を帯びてくることから一般家庭での飼育は困難になります。だからといってペットを殺すのも可哀想だ、いっそのこと自然に帰してやろうという善意から池や川に放たれたのが自然界で増えている原因と思われます。

日本の河川には在来のイシガメやクサガメが生息していますが、ミシシッピーアカミミガメの成体はこれら在来のカメよりも大きく、生活の場をめぐっての競争が心配されています。おまけにサルモネラ菌の宿主となることも報告されており、人間、その他の動物への影響も懸念されています。

水質の変化や河川の人為的な改修ばかりでなく、人間の勝手な行動が在来の動物の生息域を圧迫し、現在の分布域を狭めてしまったり、生物界の混乱を引き起こしているわけです。その原因には彼らの生活に配慮することなく、人間の都合で自然を改変したり、他の地域の生物を歴史的背景のある自然分布を無視して放してきた行為が上げられます。

自然の保全の基本は、まずはこれらの生物の生活と生物相互の関係を良く理解することから始まります。日常生活には関係の薄いような、一見無駄に見える個々の生物についての研究が、遠回りのようではありますが、その基本になることを理解してほしいものです。

河川敷の生物群集

河川の生物と言えば、魚類や水生昆虫など、水中に生活の本拠を置く生物相を頭に浮かべる人が多かったでしょう。過去形で書いているのは、昔はほとんどの人がそのような認識だったからです。しかし、現在は多くの人たちが河川や水辺の生き物たちに関心を持つようになり、河川敷に生活する動植物にも目を配るようになっています。これは正しい認識です。河川敷には、河川という環境に適合した生活をする独特の生物相があり、専門的にも関心を持たれています。

河川環境は水中の場合にもその変動が大きいことを特徴としていますが、河川敷の場合も同様です。さらに、河川敷の場合には大出水により地形が大きく変わり、生物相に壊滅的な破壊をもたらすような自然現象が周期的に起こり得るという特徴があります。そのような環境特性下で生活する生物群集についての研究がようやく日の目を見るようになり、進められています。

河原と水辺の植物

水辺に近い河原の環境は頻繁に繰り返される出水により撹乱の影響が強いのが特徴です。そのためにライフサイクルの長い木本植物は定着し難く、短期間に生活史を完結できる短年性の草本植物、一度倒伏しても再生可能な多年生植物が多く生息しています。一般には一年生草本が多いように思われがちですが、多年生草本や木本も多く生息しています。

千曲川の中流域の水辺から一五メートル範囲について、洪水で撹乱後一年間に再生した植生を調べた五十嵐（2001）によると、観察された二六科六四属七〇種のうちの四七パーセントが多年生植物でした。これらの植物の多くは上流から根ごと流されたものが漂着、再生したものでした。この狭い範囲でも水辺から一〇メートルも離れると多年生の植物が多くなり、植生分布には出水の頻度と規模が大きく影響していることがうかがわれます。

千曲川の同様の場所で、通常の増水期に根元を冠水する程度の河川敷に生えているタチヤナギ群落を調べてみました（藤田、1999）。タチヤナギは日本海を囲む環日本海地域に広く分布するヤナギ類の一種です。千曲川でも河川敷を代表する植物の一つで、河川敷に比較的早期に進入する種として位置づけられています。その樹高は三～六メートル程度で、ブッシュ状になります。生育地の土壌特性はシルト質を含む、比較的細かい粒径のもので、河川敷の礫間にこれらのシルトが密に詰まっている所にタチヤナギの群落が見られます。しかし、礫間に詰まっている土壌はタチヤナギが群落を形成したことで、根元が冠水する程度の出水時に堆積したものでしょう。タチヤナギが定着した初期には種子が、定着、発芽し得る程度のシルトが礫間にあれば十分で、その後芽生えた幼樹を流すような大きな洪水がなければブッシュを形成するまでに発達します。樹枝の生長解析の結果ではこのブッシュのタチヤナギは揃って六年生でした。調査の翌年には大きな出水があり、このタチヤナギ群落は全て消失しましたから、千曲川の中流域ではその程度の出水がほぼ六年周期で起こり得ることが推察できます。ついでですが、ヤナギ類の多くは根茎に窒素固定細菌を共生させ、大気中の窒素を利用していますが、後にこのタチヤナギの窒素安定同位体比を調べてみたところ、この水辺のタチヤナギは千曲川の水中から窒素を吸収していることがわかりました。

河川環境は水域から陸域へと多種、多様な環境を含み、植物相についても多様な植物群を形成しています。佐々木（1996）[2]はこれらの河川性植物を、環境指標性あるいは機能の面から次の五つの分類群にまとめています。

①　湿性植物：湿潤地に生活域を有することから、地下茎は空洞が多い。また、湿地の腐植酸に耐性のある種、アゼスゲ、カサスゲなどが含まれます。

②　耐塩性植物：河川下流部には塩水の進入域があり、耐塩性のあるヨシ、ヒメガマ、また、耐塩植物としてシオクグ、ウラギク、アイアシ、ウシオツメクサ、コウキヤガラなどを上げています。

③　耐乾性植物：河原は通常直射日光下に置かれ、高温と極度の乾燥状態にあります。この環境条件に合わせ、そこに生息する植物は狭葉、多毛、多肉質といった乾燥に耐性のある葉を特徴としています。名前にカワラあるいはアレチなどが付く、カワラヨモギ、カワラハハコ、カワラナデシコ、アレチマツヨイグサなどが例として上げられます。

④　萌芽性植物：河原は出水によってしばしば撹乱を受けるのが特徴です。そのような時に、流されても、植物体が損壊しても萌芽、再生力の強い特性が必要になります。ヤナギ類がその代表的なもので、

その他にカワラハンノキ、ユキヤナギなども上げられます。

⑤　窒素固定菌共生植物：水辺を除いて、もともと土壌が発達していない環境下ですから、生物の成長に必要な主要必須元素である窒素の供給源がなくてはなりません。このような荒れ地に生育する植物には根茎に根粒バクテリアを共生しているものが多くあります。河原も荒れ地の環境ですから根粒バクテリアを共生する植物が当然生育する地域と言えます。ハンノキ、ヤマハンノキ、ヤナギ類などが在来の例ですが、最近河川で多く見られ、樹林化が進行している外来種のニセアカシア（ハリエンジュ）はその例です。

ニセアカシアについては多摩川の中流域でもその樹林化が問題とされていますが、千曲川中流域、犀川中流域でも樹林化が進行しています。その主な生育地域は高水敷よりも高い地域ですが、窒素安定同位体比で測定してみるとそのすべてが、水辺からの位置に関係なく大気の窒素を利用していることがわかります（中下、2001)。

このような環境の変化が著しく、極端な環境条件下に置かれている植物にとっては球根や地下茎など、根茎組織を発達させることが必要になり、生活に有利となります。例えば、球根系のユリ科植物（ツルボ、ノビル、ヒガンバナ)、バルブを持つラン科植物のシランは渓谷部の岩礫地、堤防上に見られる、と佐々木は述べています。

荒れた、変動の大きい環境に生育する河川植物は強い植物という印象が強いのですが、逆に言うと通常の安定した環境には弱い植物でもあります。荒れ地へ最初に進入するパイオニア植物は目立ちはしますが、安定した植生へ移行する短期間の占有種でもあります。河川の流下水量が安定し、河道が変わることがなくなると河原は草本に覆われ、高い所は樹林化していきます。やがて土壌が発達し安定した環境になると植生も

表 2-6　河川の砂礫地，湿地，草地に生息する河川植物でレッドデータブックに記載されている植物（梅原，1996より作成）

河川環境	和　　名	河川環境	和　　名
砂礫の河原	カラフトモメンヅル，カワラノギク	河川敷の湿地	ツクシガヤ，トダスゲ，タコノアシ，タチスミレ，エキサイゼリ，シムラニンジン，サクラソウ，チョウジソウ，ハナムグラ，ノカラマツ
河川敷の草地	トネハナヤスリ，ムサシタイゲキ，ミゾコウジュ，フジバカマ		

河川独特のものから普通の陸地の植生へと変化していくのは生態遷移としては当たり前のことですが、河川植物として特徴的な植物種は消滅の運命を辿ることになります。

多摩川ではそのような植物の例としてカワラノギクが上げられています。カワラノギクは関東地方と東海地方の一部河川に分布する危急種、あるいは絶滅危惧類に位置づけられている植物です。現在、多摩川の研究グループではその保全についての研究が進められています。梅原（1996）は河川の水辺に生育するレッドデータブックに記載されている植物四四種を上げ、それぞれの生育環境を示しています。その中から河川敷の砂礫地、湿地や草地に生育するものを抜粋して示したのが表2-6です。それらの多くがつい最近までは身近に、普通に見られていた植物であることがわかります。表には水中を除く河川敷に関係する植物を示しましたが、それがすべてではありません。

フジバカマ、タチスミレ、サクラソウなど、以前は普通に見られた植物が今では絶滅危惧種に位置づけられているのに驚かされます。河原の植物は変動の激しい環境で生育し、一般には関心の薄い植物ですが、専門の研究者にとっても以前はあまり関心を引くことがなかったとも言えそうです。このような河川に関連する植物については近年ようやく研究が進み始めた段階です。

奥田は「河川環境と水辺植物」(1996)[2]の中で、河川の植物群落を生息環境の特徴や優占する植物をもとにして、一三の群落に分類して示しています。

(1) 川辺林群落：タチヤナギ群集、イヌコリヤナギ群集、ネコヤナギ群集などの低木林を形成するヤナギ類の群落と、高木林となるヤナギ類で形成される群落です。高木林を構成するのは、アカメヤナギが優占する群落、本州の太平洋側の雪の少ない山地渓流に見られるコゴメヤナギ群集、日本海側山地のシロヤナギ群集、北海道ではエゾノキヌヤナギ—オノエヤナギ群集、北海道から本州の中部にかけての亜高山帯に見られるオオバヤナギ—ドロノキ群集などです。川辺のヤナギ類の群落によって形成されている景観は身近な河川景観として親しまれているものですが、あまりにも一般的であり、ついついないがしろにされてきたのではないでしょうか。

ヤナギ科植物の特徴は、すべての種が雌雄異株であり、雌株で作られる種子には綿毛があり、風によって飛ばされ、あるいは流れによって広範囲に散布されます。これらの種子は適当な湿り気のある裸地でのみ発芽しますが、発芽能力は散布後一ヶ月程度と意外に短命です。しかし、その間の種子発芽率は高く、成木も損傷を受けても萌芽で再生、砂礫に埋没しても茎から不定根を出し、再生するなど、変動の激しい河原での群落形成に適した生活様式を持っています。

(2) 河畔林群落：水辺からはやや離れた地域に形成される高木林です。中流域から上流域にかけて見られる河川景観の一つで、ハンノキ—ヤチダモ群集がその代表的なものですが、最近はニセアカシヤが多く見られます。周辺が低湿地帯の場合にはヤチダモ、ハルニレが群落の優占種となり、常緑広葉樹林地域ではエノキ、ムクノキが群落を構成します。もっと上流部の渓谷斜面ではサワグルミ、シオジ、トチノキなどの高木が渓谷の特徴的な景観を形成していて、自然探索の魅力の一つとなっています。

(3)崩壊地先駆植物群落：乾燥した崩壊地に先駆的に侵入する一年生や多年生の草本植物と、木本のヤシャブシ、アキグミ、ヤマハンノキ、ドクウツギなどが発芽、定着して群落を形成します。ヤシャブシ、アキグミは窒素固定菌共生植物で、荒れ地の土壌栄養分の少ない土地でも生育ができる種です。これらの植物は幹に弾性があり、雪崩や土砂の移動に対して抵抗力を備えていること、軽くて、ヤナギ類よりは寿命の長い種子を周辺に散布し、群落形成に適していることが崩壊地に先駆的に群落を形成できる理由でもあります。

このような崩壊地の早期緑化を意図してニセアカシア（別名ハリエンジュ）の植樹が行われた時期がありました。結果は成功で、意図通りに斜面崩壊地を早期に緑化することができました。しかし、純群落に近いニセアカシア群落は或る程度の高木になると、強風のために倒木しやすく、再度崩壊の恐れもあります。また、成長が早く、繁殖力旺盛で、幅広い環境に適応力のあるニセアカシアは、河川を通して全国の主な扇状地河川の樹林の八〇パーセントを席巻しています。その結果、河川敷の一部を陸化し、河川生物の生息域を狭める要因ともなっています。一時的な成功も長期、総合的に評価すると、多様性のある自然群落の場合に起こる生態遷移が人工的な純群落では円滑に行われ難いという難点があるような気がします。

(4)渓流上低木群落：渓流の両岸から枝を伸ばす木々の緑、あるいは早春の花は渓流の景観を好ましくする重要な要素と言えます。このような低木群落を構成するのは、関東以西ではサツキ群落です。基部が堅い岩盤のような場合にはキハギ、シバヤナギ、ユキヤナギ、ヒメウツギが見られます。

(5)渓流周辺の草本植物群落：上流部の水際にはオオバセンキュウ─タネツケバナ群集、尾瀬で足下に見られるリュウキンカ─ミズバショウ群集、源流部の水流の飛沫を直接浴びるような場所に見られるタネツケバナ属、ダイモンジソウ属、ギボウシ属、イワタバコ属などで形成されている群落です。清冽な水の印象と共に渓流の景観として訪れた人の記憶に残る群落でもあります。

亜高山帯では、他の植物との競争力の弱い、栄養塩類に乏しい、極端に湿潤な環境下でフキ―ユキノシタ群集が形成されています。

(6) イネ科草本群落：河川上流域、あるいは川幅の狭い小河川では水面を覆うほどにツルヨシが繁茂しているのが見られます。中流部でも川岸の湿潤地にはツルヨシ群集が見られますが、セリ―クサヨシ群集が多くなり、やや乾燥した高水敷から土手にかけてはオギ群集が繁茂します。中流域の下部になり、粘土質の堆積物が多くなるとヨシ群集が水側に、さらに土手側の乾燥した地域にはオギ群集が場所を分けて分布する様子を見ることができます。ヨシとオギは一見区別がつき難いのですが、稈と葉の関係、穂の形、生えている位置関係から、慣れれば容易に区別がつくようになります。

(7) ヨシ―スゲ群落：沼沢地や池沼の岸辺、河川の中流から下流域へかけてのワンド周辺や泥湿地にはヨシやスゲの群落が多く見られます。現在では河川敷を人間が利用するために都市周辺では少なくなりましたが、河川敷を埋め尽くすヨシ―オギ群落の景観も中流域から下流域へかけての特徴的な景観です。この景観形成には人間と植物との古来からの付き合いも関係しているようですが、人間の生活様式がすっかり変わってしまったために、残されているヨシ、オギのある景観は現在は自然景観の一つに位置づけられています。

(8) 流水中、池沼の水生植物群落：池沼の水生植物群落については「湖沼の生態学」[17]に譲り、河川に関係するもののみを上げておきます。渓流水中に生活する水生植物では、冷温帯地域に生息するセキショウモ―スギナモ群集、バイカモ属群集、九州南部の岩礫上に生息するカワゴケソウ科植物の群集が上げられます。

(9) 礫地の草本植物群落：環境条件の厳しい礫を主体とする河原に生活する植物の特徴は根を地中深く張っていること、葉が地表に接して展開しているか、毛で被われた分裂葉になっていることです。これらの形態的特徴は乾燥に対する適応によるものです。日本の代表的な河原植物のカワラハハコはパッチ状に群落を形成し、それぞれの個体は白い毛で被われた葉を密に付けることで水分の蒸発を防いでいると考えられています。そして、丈夫な根を地中深くに伸ばし、水分の確保を行っています。しかし、河原の環境は生物の生活にはきわめて厳しい状況ですから、ちょっとした人間の作為による環境変化でもその生存を大きく左右するきっかけとなることを理解する必要があります。

(10) 水際の多年生広葉草本植物群落：河川の中流域から下流域にかけて形成される水辺の植物群落で、大部分が栄養条件の良い場所で生育する好窒素性植物で構成されています。その主なものはギシギシ類、ネズミムギ類ですが、環境条件からすると外来植物も侵入しやすく一年生の草本植物ではありますが、アレチウリ、オオブタクサなどが目立つようになっています。

アレチウリは北アメリカ大陸を原産地とする一年生のつる植物です。日本では一九五二年に静岡で発見されたのが最初とされています（竹内、ほか、1979)。この数年間に急激に分布域を拡大し、現在では全国的に見られる外来植物です。特に、河川敷での分布拡大が顕著で、千曲川の例では一九九四年のアレチウリ分布面積〇・〇一一平方キロメートルが一九九九年には〇・一四平方キロメートルへと、一三倍にも拡大しています。他の外来生物と同様に本来の河川植物の分布に影響し、河川の生物群集構造を変えてしまうのではないかと危惧されているところです。

(11) 水際の一年生草本植物群落：水際には一年生草本植物のタデ属、センダングサ属、イヌビエ属、キンポウゲ属が群落を作ります。その種構成は水際の河床底質によって異なりますが、栄養条件の良い中流部ではきわめて現存量が高くなる傾向にあります。その理由は水耕栽培を思い出していただければ理解できるのではないでしょうか。

千曲川の中流部の水際に帯状に生育するハルタデ群集を測定した例（五十嵐、2001）では、地下部を含めたハルタデの現存量は乾燥重量で一平方メートル当たり一・二キログラムにも達していました。その水辺から五メートルも陸地側に入った河原の植物現存量は一平方メートル当たり二〇～五〇グラムでしたから、いかに水際のハルタデの現存量が大きいかがわかるでしょう。

⑿　海岸植生群落：河川の河口部あるいは塩水遡上域の水辺には当然海岸で見られる植生を見ることができます。特に利根川のような河川勾配の緩い、緩混合型の塩水遡上形態を特徴とする河川では砂質の水辺があり、塩分の濃い河川水や地下水に接することになります。そのような場所では塩性湿地草原や海岸草原に見られる植物種が生育していますが、詳しくは海岸の生態学に関係する他書に譲ることにします。

⒀　高水敷および堤防上の低木群落と二次草原群落：人間の管理が多く行われている地域の植物群落ですから、人間の管理の仕方によって植生も大きく変わります。自然環境を対象とする場合には面白くない群落と言えますが、人間生活に関係の深い河川管理の立場に立てば良く理解しておくべき群落でもあります。

あまりきちっとした管理が行われていないような高水敷にはクズ、カナムグラのようなつる植物や、センニンソウなど、これに低木が混生してきます。時にはメダケが密生する場合もあります。定期的に火入れをするような場所では、ススキ属、トダシバ属、ネザサ属など、イネ科植物が優占しています。堤防上には主にシバ、チガヤなどのイネ科植物などが生える草原が形成されていますが、これらの草原は昆虫類の生息環境として利用されています。整理すると次のようになります。

林縁低木―つる植物群落：クズ―カナムグラ群集、センニンソウ群集、メダケ群集

刈り取り草原：ゲンノショウコ―シバ群集、アズマネザサ―ススキ群集、ネザサ―ススキ群集

路上、冠水地多年生植物群落：ニワホコリ、カゼクサ、カワラスゲ、セイヨウタンポポ、ギンゴケ、ツメクサ

畑耕作地雑草群集：ツユクサ、ナギナタコウジュ、ハチジョウナ、カラスビシャク、ニシキソウ

日本の河川植物の分布について、石川（1996）はその場所の河川勾配と暖かさの指数との関係から整理を行っています。暖かさの指数とは、月平均気温が摂氏五度を越えた月の積算気温で示されています。その結果によると、河床勾配が急で暖かさの指数が低い地域、つまり、北の方の上流域ではオオバヤナギ、ケショウヤナギ、エゾヤナギ、オノエヤナギなどが優占しているとしています。同じ北の地域では河川勾配が緩くなり、下流にいくに従って優占する樹種はオノエヤナギ、エゾノキヌヤナギ、エゾノカワヤナギから、ハンノキ、オノエヤナギ、エゾノキヌヤナギへと移ります。草本では北方の上流部ではツルヨシ、カワラハハコが優占し、下流に向けてオギからヨシへと移り変わるとしています。

暖かさの指数の高い南方では上流部にはコゴメヤナギ、ネコヤナギが優占し、下流の河川勾配の小さい地域に向けてオノエヤナギ、タチヤナギへ、草本ではツルヨシ、ススキからオギへ、さらにはヨシ、マコモ、ガマ、ヒメガマへと優占種が変わります。いずれにしても、勾配が急ということは標高の高い地域の特徴でもあり、気温という生物の分布を決める最大の要因が河川植物の分布にも当然大きく影響していることがわかります。

河川・水辺の鳥類

河川、水辺の鳥には河川敷を利用するタイプと河川敷に依存して生活するタイプがあります。河川敷を利用する鳥には大きく分けて二つのタイプがあると説明されています。その一つは、キジ、ヒバリ、セキレイ類、モズ、オオヨシキリ、ホオジロなど、寄洲や中洲のような特有の環境を繁殖、採餌に利用するものです。もう一つのタイプはハト類、ツバメ、カワラヒワ、スズメ、ムクドリ類、カラス類など、河川の外に巣を作り、餌場として河川を利用するものです。

河川敷に生活を依存しているタイプの鳥にはカモ類、カイツブリ類、ウ類、サギ類、チドリ類、シギ類、カモメ類、カワガラスなどが挙げられます。これらの鳥は繁殖、採餌、休息などの、生活の大半を河川敷で過ごし、流れに沿った広い範囲をその行動圏として利用しています。

鳥類にはその場に留まり一年を通じて生活する留鳥と季節の一時期を河川で過ごす渡り鳥があります。このうち、渡り鳥は訪れる時期により、夏鳥と冬鳥に分けられますが、春、秋の渡りの時期に、その途中で一時的に川を利用するものを旅鳥と呼んでいます。

中村（1999）(5)によると、千曲川で観察された六三種の鳥類のうち三一種が留鳥、渡りをする冬鳥が一六種、夏鳥は一三種、旅鳥は三種と報告しています。これを見ると、一年間にその半数の鳥は季節的に入れ替わっていることがわかります。これは本州中央部、日本海側の河川山間部での話ですが、それぞれの河川ではその位置、高度、環境によって特徴ある鳥類の構成が見られるはずです。

地形的特徴で見ると、毎年の洪水で冠水する砂礫地にはイカルチドリ、コチドリ、コアジサシなどが営巣し、繁殖の場として河川敷を利用しています。砂礫地には丈の高い草が生えていないので、外敵から身を守るのに適していることと、採餌の場所としての水辺が近くにあるためと考えられています。樹林化が進んでいない草地にはイソシギ、ホオジロ、ヒバリなが地面に直接、または草の株上に営巣し、ハト類、ヒバリ類、ホオジロ類、スズメ、ムクドリ、セキレイ類は採餌の場所としてこのような草地を利用しています。ヨシの群落にはオオヨシキリが営巣し、托卵をねらってカッコウが飛来します。ホオジロ類は秋から冬にかけてこのヨシ群落を餌場として利用するのが見られます。

水際から高水敷にかけては密生したヤナギ林が形成されています。このヤナギ林に営巣するものにはサギ類、キジバト、モズなどがあり、ここを採餌の場所として利用するものにはカッコウ、エナガ、コゲラ、シジュウカラ、ヒヨドリ、ムクドリ、オオヨシキリなどが挙げられます。最近河川敷に多く見られるハリエンジュ林は滅多に洪水の影響を受けることのない安定した環境を維持しています。このような樹林の樹上にはトビ、ハシボソガラス、キジバトなどが営巣し、ここを採餌の場所として利用するのはカッコウ、エナガ、コゲラ、シジュウカラ、ヒヨドリ、ムクドリ類、オオヨシキリなどです。

ちょっと変わったものとしては人工構造物を営巣に利用している例があります。利用されているのは橋や水門、ダムの堰堤などですが、もともと崖地や樹洞など、自然に作られた隙間や割れ目を利用していた鳥で、ドバト、ムクドリ、ツバメ、スズメ、チョウゲンボウなどが挙げられます。カワセミは色彩の鮮やかさで目を引く鳥ですが、巣は赤土がむき出しになったような川岸の土手に嘴で穴を掘って作ります。川岸をコンクリート化されると営巣できず真っ先に見ることが出来なくなる鳥類の一つです。

鳥類にとっての河川は、河川敷を含めて、そこの地形、他の生物の存在形態と密接に関連して、大切な繁殖の場、採餌の場となっていることが理解できます。しかし、中流域では多くの鳥類が河川の外との行き来があり、河川敷内のみで生活している鳥はカワセミなど、限られた種類であることが千曲川の調査でも報告されています。

河川で生息する鳥類の調査法としてはラインセンサス調査が一般的なようです。調査対象地域が設定されたら、そこに一定の調査ルートを設定します。このルートを一定の歩行速度で歩き、ルートの左右で観察されたすべての鳥の種類と数、鳥の行動内容を記録します。調査の時期は目的にもよりますが、最も鳥類を観察しやすい繁殖の時期を中心にして、早朝に行われています。もちろん、その場所に生息する鳥類を知る目的であれば一年間を通しての調査が必要になります。

表 2-7　千曲川中流域（坂城町鼠橋付近）で推定された繁殖密度（中村，2002を改変）

繁殖鳥名	繁殖密度（番数/km²）	繁殖鳥名	繁殖密度（番数/km²）
モズ	108	キジ	4
オオヨシキリ	92	ヒヨドリ	4
キジバト	50	シジュウカラ	4
スズメ	33	カワセミ	1.3
ササゴイ	29	イソシギ	1.3
ムクドリ	17	コチドリ	0.7
チョウゲンボウ	8	ハシブトガラス	0.7
ハシボソガラス	8		

注　カワセミ，イソシギ，コチドリ，ハシブトガラスは広域繁殖調査枠を使用。

　繁殖する鳥の密度を知る目的の場合にはラインセンサス調査は不向きです。その場合には植物調査で行われている枠法に似た方法が採用されています。一九九七年から二〇〇〇年にかけて行われた千曲川河川生態学術調査で鳥類を担当した中村浩志は四〇〇×六〇〇メートルの繁殖調査枠を川幅四〇〇から五〇〇メートル、河川流程二、〇〇〇メートルの調査対象地に二カ所設定し、それぞれの鳥の繁殖時期を中心にして、枠内の巣の確認と、各個体の囀りからなわばり分布を推定し、繁殖密度を算定しています。行動圏の広い鳥類については当然その鳥独自の広さの枠の設定が必要になります。中村が調査した地域は千曲川の典型的な中流景観を有する場所で、高水敷には高木のハリエンジュを主体とする樹林化が進行している地域でした。そこで推定された番《つがい》数を一つの例として表2-7に示しておきます。

それぞれの鳥類について、繁殖を中心とした生活史を理解しておくことは河川の生態系を解析する上でも大切なことですが、生活史については鳥類の生態に関する成書を参照してください。

一九九九年夏には本州中部に強雨があり、千曲川でも二〇年から三〇年に一回程度の出水がありました。その結果河川の流路も、河川敷の様相も大きく変わり、生物相にもそれぞれに大きな変化が観察されています。鳥類については次のような結果を中村（2002）が報告しています。洪水の前後で増減があった種と洪水に関係のない種があり、洪水後増加した種としてはカワセミ、ヤマセミ、コチドリ、イカルチドリ、イソシギ、減少した種はオオヨシキリ、モズ、キジバト、ササゴイ、変化のなかった種としてハシボソガラス、チョウゲンボウが挙げられています。増減の原因はそれぞれの鳥の営巣地の特徴にあり、洪水によって新たに営巣地が出現した種は増加し、洪水によって営巣地が消失した種は減少し、洪水に関係のない場所に営巣していたチョウゲンボウなどはそのままの生活を続けていることがわかります。河川を生息域とする鳥類が河川環境の変動に対応して個体数の変動を繰り返しているのも河川生物共通の特徴と言えそうです。

水中の生物の相互関係

生物は一種だけでは生活できないことは誰でもが知っています。生物相互に密着した関係にある共生関係はここでは除くこととして、水中での生物相互の関係には食物関係、食う―食われるの関係と棲む場所を通しての関係が主なものです。

食う―食われるの関係は物質の循環過程としても重要な関係です。その関係は直接的には二種間の関係ですが、連鎖的あるいは網目状に連続しているということで食物連鎖、食物網と呼ばれています。水中の生物だけで見れば付着藻類→植物食水生昆虫→動物食動物・雑食動物→魚食動物となるのでしょうが、その連鎖系は複雑です。津田（1967）はその関係を図2－10のように描いています。川那部ほか（1960）も淀川において、魚類を中心とする水中での食物網を示していますが、その関係がいかに複雑であるかを理解することができます。

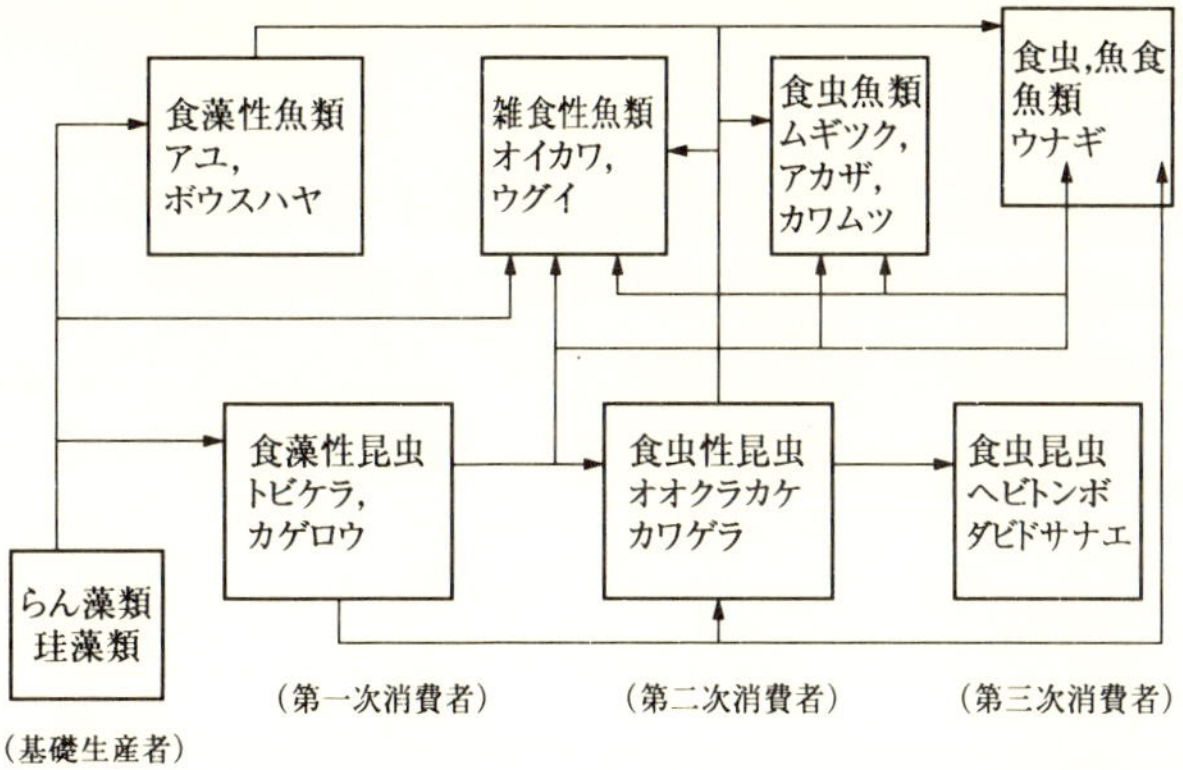

図 2-10　奈良県五条市の吉野川における瀬の食物関係（津田，1967より）

河川の生態系における食物連鎖系が湖沼の食物連鎖系と異なる点は基礎生産の主となる担い手が付着藻類にあることです。そして、基礎生産者からの最初の受け手となる第一次消費者が水生昆虫を主とする底生動物群集であることも特徴的と言えます。栄養段階が上位に位置する魚類群集については、生態系内での機能的な位置付けは変わりませんが、種としては当然のことながら、渓流性の魚種を主体として組み立てられています。

しかし、以上のことは河川中流域には当てはまることです。その上流域についてはその様相に若干の違いがあるようです。その主な違いは中流域では基礎生産の担い手が同じ水中内の付着藻類を主体としているのに対して、上流域では基礎生産の多くを水の外、陸域の高等植物の生産に負っていることです。簡単に言えば、水辺周辺の草木の落葉が水中に入り、水中の消費者はこれを直接利用したり、一度細菌類などの分解を経て間接的に利用している点です。以前から上流域の水中の生物群集が水辺周辺の陸上の基礎生産に物質的基礎を負っていることについては推測されていました。その証拠については最近の安定同位体を用いた研究からも明らかにされつつあります。

安定同位体に関する研究の内容については湖沼の部でも紹介しましたが、窒素と炭素の安定同位体比を用いて、ある種の食物源を推定するための有効な方法です。その関係は湖沼のところでも触れていますが、栄養段階が一つ上がるごとに、炭素同位体比で〇～一パーミル、窒素同位体比で三～五パーミル程度高くなるとされています（図２－11）。つまり動物の安定同位体比はその餌となる生物に近い値となると言うことです。千曲川での中流域で採集された底生動物の窒素の安定同位体比は同じ場所に生育する付着藻類の安定同位体比と近似しています。つまり、そこでの底生動物の主要な餌は水中の付着藻類であることを示しています。

ところが、上流域の水生昆虫類の窒素の安定同位体比は水辺の植物の落葉に、より近いということが宇野（2001）の研究により

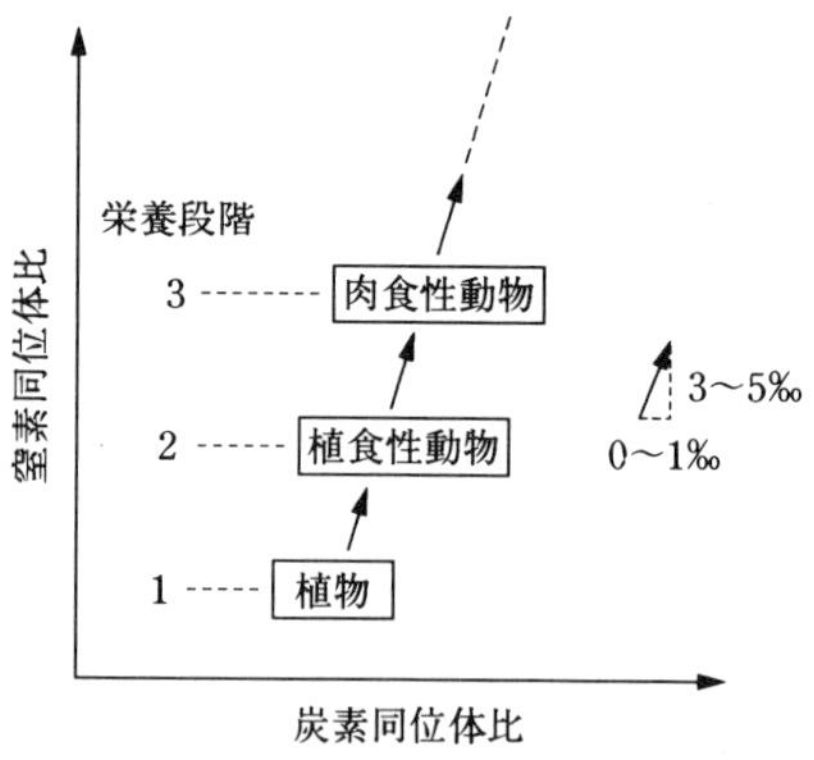

図 2-11　食物連鎖に沿った炭素・窒素同位体比の変化を示す模式図（吉岡，1992より引用）

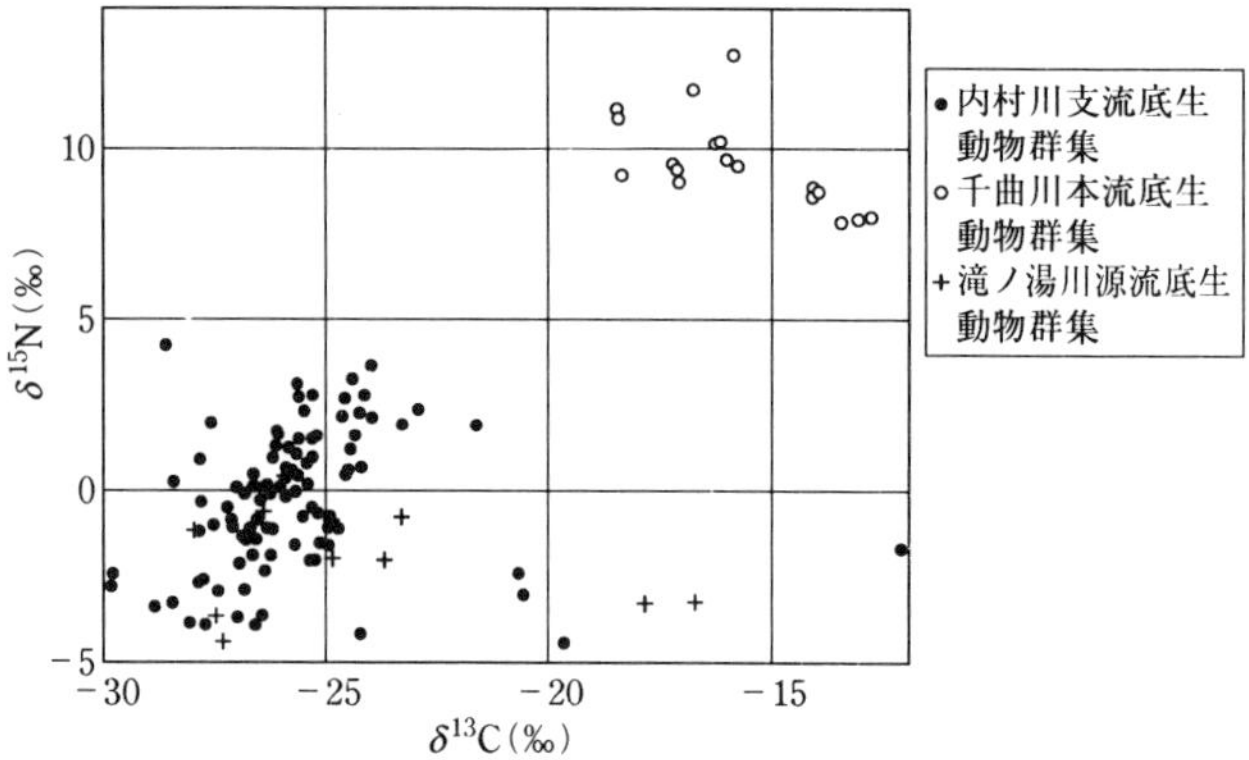

図 2-12　宇野（2001）による河川上流部の水生昆虫類と陸上の植物の落ち葉についての安定同位体比の関係

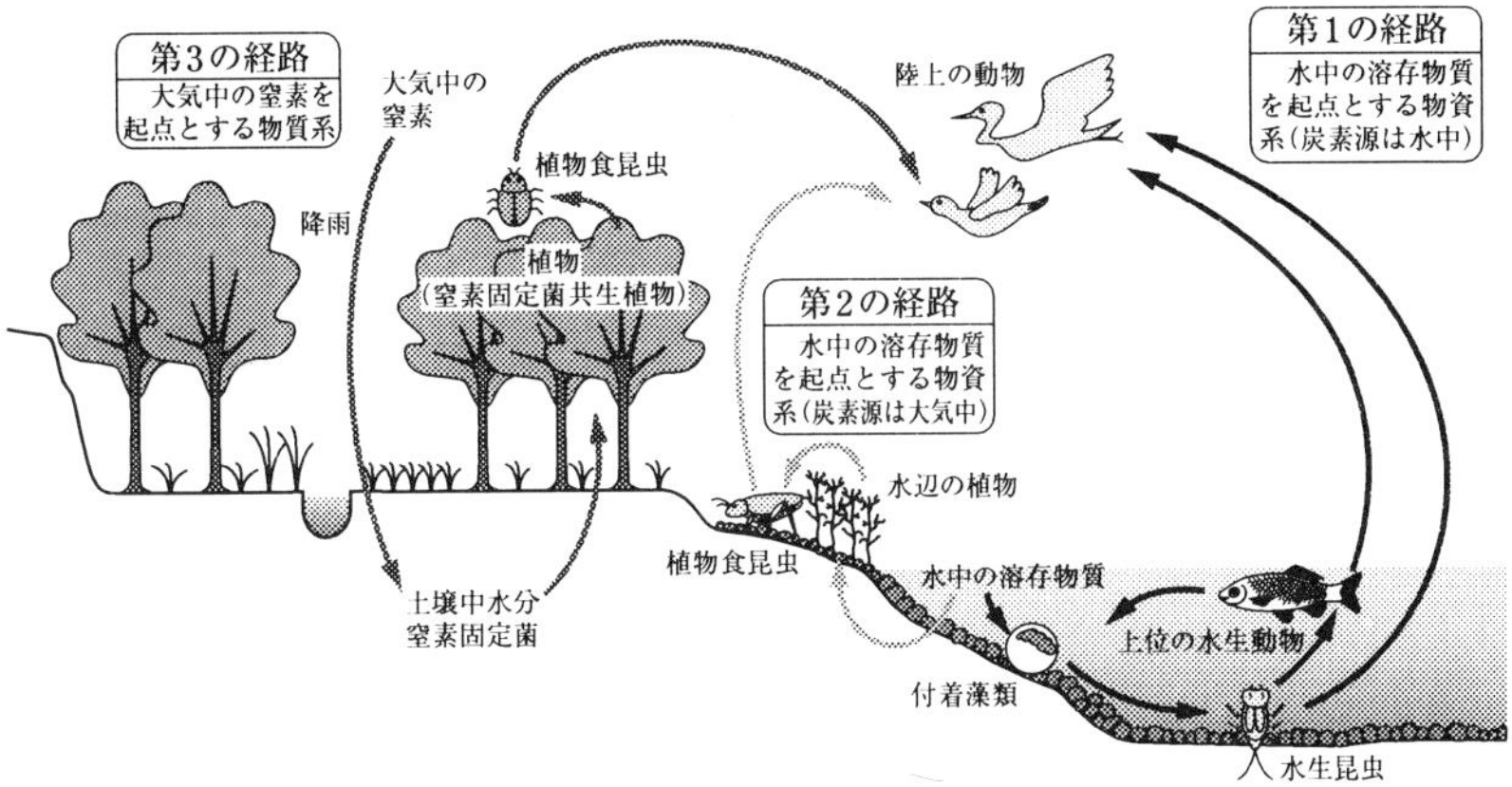

図 2-13　河川中流域での河川生態系は三つの物質経路からなる複合生態系
（沖野，2002）

明らかになりました。この結果はこれまでの推測を科学的に確認したというばかりでなく、今後の河川生態系研究の方向性を決める上で貴重な報告でもあります。図２－12に結果の一部を示しておきます。河川の生態系は物質的流れから見ると水中で完結した物質系ではなく、陸上とのつながりを持っていること、その物質系は上流、中流、下流で、それぞれの地域的特性により異なり、かつ連続していることが推測されます。つまり、河川の生態系を物質系として解析するためには対象を陸上を含めた流域に拡げる必要があることを示していると解釈できます。

これまでの研究を総括して、中流域での河川敷を含む地域での物質系と生物群集の関係を示すと図２－13のようになります。中流域での物質系は三つの経路が複合して形成されています。その一つは水中での基礎生産から上位の水中の生物群集へつながる経路ですが、これは水生昆虫類の羽化、外部の鳥類群集による捕食を通して河川敷の物質系につながります。第二の経路は水中の溶存栄養塩類が水辺の植物に吸収され、陸上の昆虫を通して流れ、鳥類へ至る経路です。そして第三の経路は河川敷の植物から動物に至る、河川敷に独立し

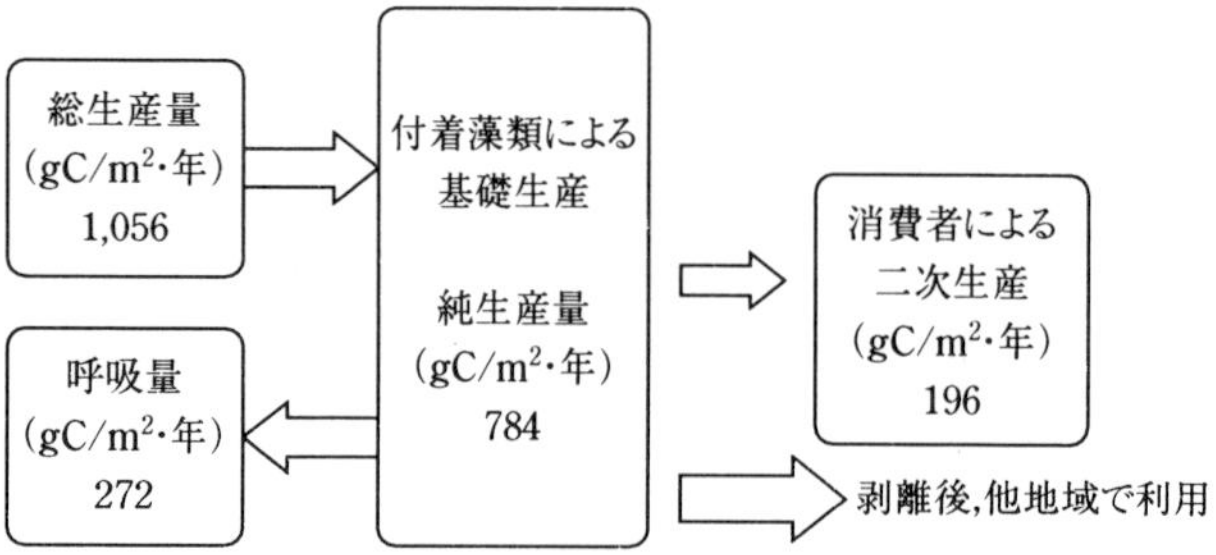

図2-14　河川水中の基礎生産と二次生産の関係
(沖野, 2002)

た物質系ですが、どの経路も最終的には河川に関わる動物食の鳥や、は虫類、ほ乳類につながることで、河川全体の複合した物質系の一部として構成されていると考えることができます。

それぞれの物質系には個々の生物群集相互の関係が存在しています。第一の物質の経路となる水中の基礎生産者は付着藻類です。水中の炭酸ガスを原材料とし、栄養塩類を吸収して付着藻類が増殖します。付着藻類が生産した有機物は植物食、あるいは雑食の動物の餌となります。その量的な関係を示したのが図2-14です。これは千曲川中流域の場合で、水中には十分な栄養があるという条件下での数字です。炭素量にして一年間、一平方メートル当たりの総生産は一、〇五六グラムですが、自身の呼吸量を差し引いた純生産量は七八四グラムです。これを餌として生産される消費者、河川では主に底生動物ですが、その生産量は一九六グラムでした。これは純生産量の二五パーセントに相当します。

さらに広げて、ある地点の水中での物質の流れをそれぞれの生物の現存量でつないでみた結果を図2-15に示してみました。河川のある地点を特定して、その地点の一平方メートルの河床を考えます。一日間でみるとその河床一平方メートルの上を圧倒的な量の物質が通過していくのがわかります。例えば、水中の物質生産に重要な基礎生産者の付着藻類の現存量は炭素量にして三～二〇グラムでしかありませんが、そこを通過していく懸濁物質としての炭素量は一日当たり七七キログラムにもなります。これが造網型の水生昆虫類の餌として利用されていて、河川での消費者の、さらには魚類の生活を支

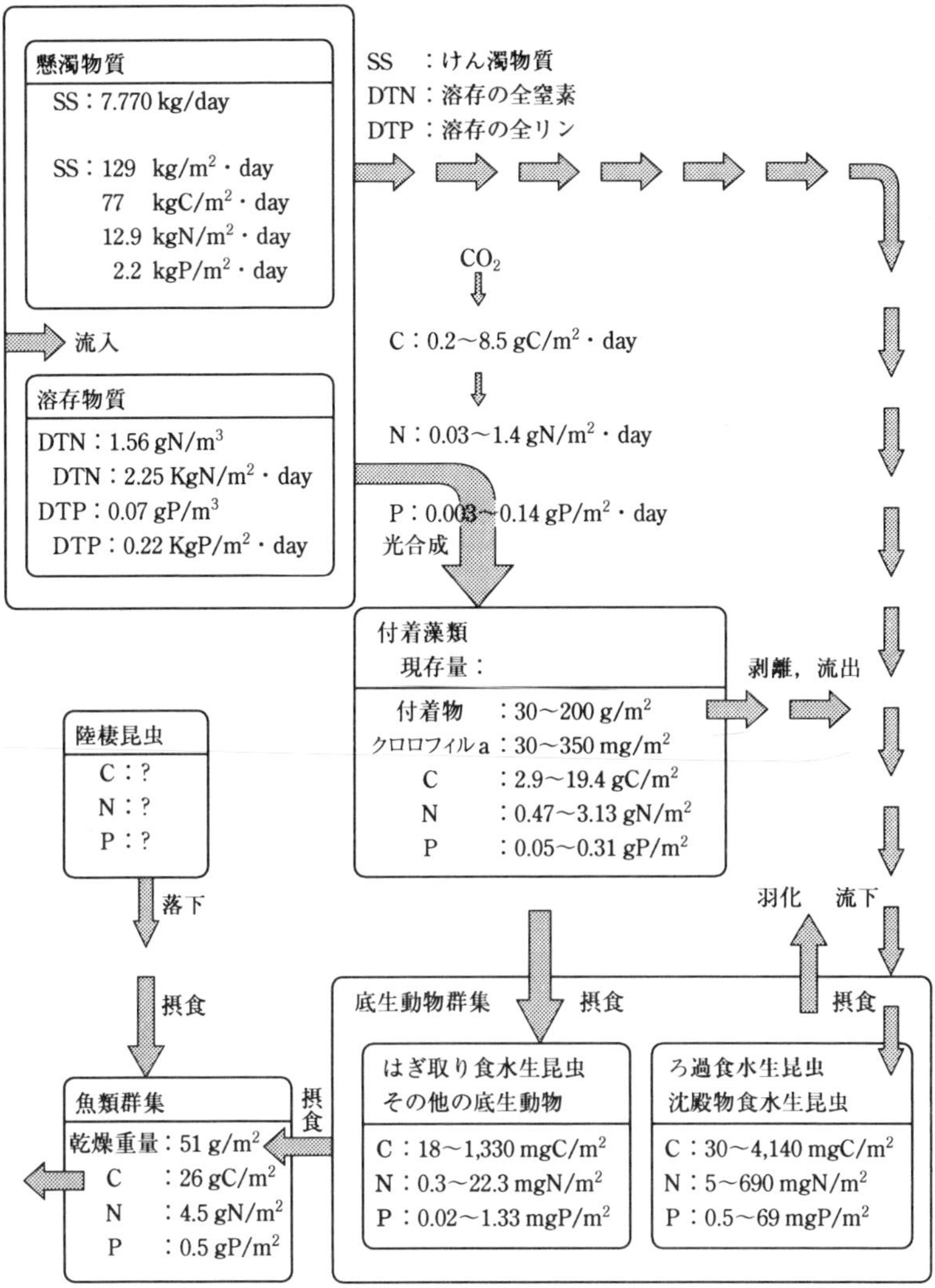

図 2-15 千曲川中流域での物質通過量，付着藻類，水生昆虫類，魚類の現存量を中心とした物質の流れ（沖野，2002）

えていることがわかります。現在の千曲川中流域の魚類の現存量については未だデータが十分ではありませんが、この物質の流れからすると現在の千曲川中流域には最大に近い魚類生産力があると言ってよいかもしれません。

水生昆虫は水中で魚類の餌として食べられ、水中での物質の流れにも入りますが、その多くは羽化によって大気中に飛翔し、その一部は陸上の昆虫類や鳥類の餌となります。また、魚類の一部も水辺の鳥によって捕食されます。鳥類は河川生態系での物質の流れの第一と第二の経路を合流させる位置にある生物群集です。

水生昆虫類を餌としている水辺の鳥類にはツバメ、ハクセキレイ、コチドリ、カイツブリ、カルガモ、コサギ、オオヨシキリなどが上げられますが、カルガモやカイツブリのように水上で生活するもの以外は陸生の昆虫類も餌として利用しています。千曲川中流域で魚類を餌とする鳥類にはアオサギ、ゴイサギ、ササゴイ、ダイサギ、コサギ、ヤマセミ、カワセミ、ハシボソガラス、ハシブトガラス、トビ、チョウゲンボウ、カイツブリなどが上げられています。餌となる魚は千曲川中流域では、そこに生息する一九種の魚類のうち一四種類でした。食べられていなかった魚種としてはカマツカ、コイ、タイリクバラタナゴ、トウヨシノボリ、オオクチバスなどが上げられていますが、まったく食べられることがないということではありません。

第二の経路は炭素に関しては大気中の炭素を使いますが、窒素、リンといった栄養塩類の多くを河川敷の伏流水に依存している植物を起点とするものです。水辺に近接、あるいは伏流水の水路に近く根を張る植物で、この葉や茎を陸生の昆虫類が利用し、これを上位の鳥類が利用する経路です。

もう一つの物質系、第三の経路は基礎生産を河川敷の植物に依存し、それらの植物は炭素ばかりでなく、栄養塩類に関してもそこの土壌に依存するものです。窒素の安定同位体比をそれぞれの植物について測定す

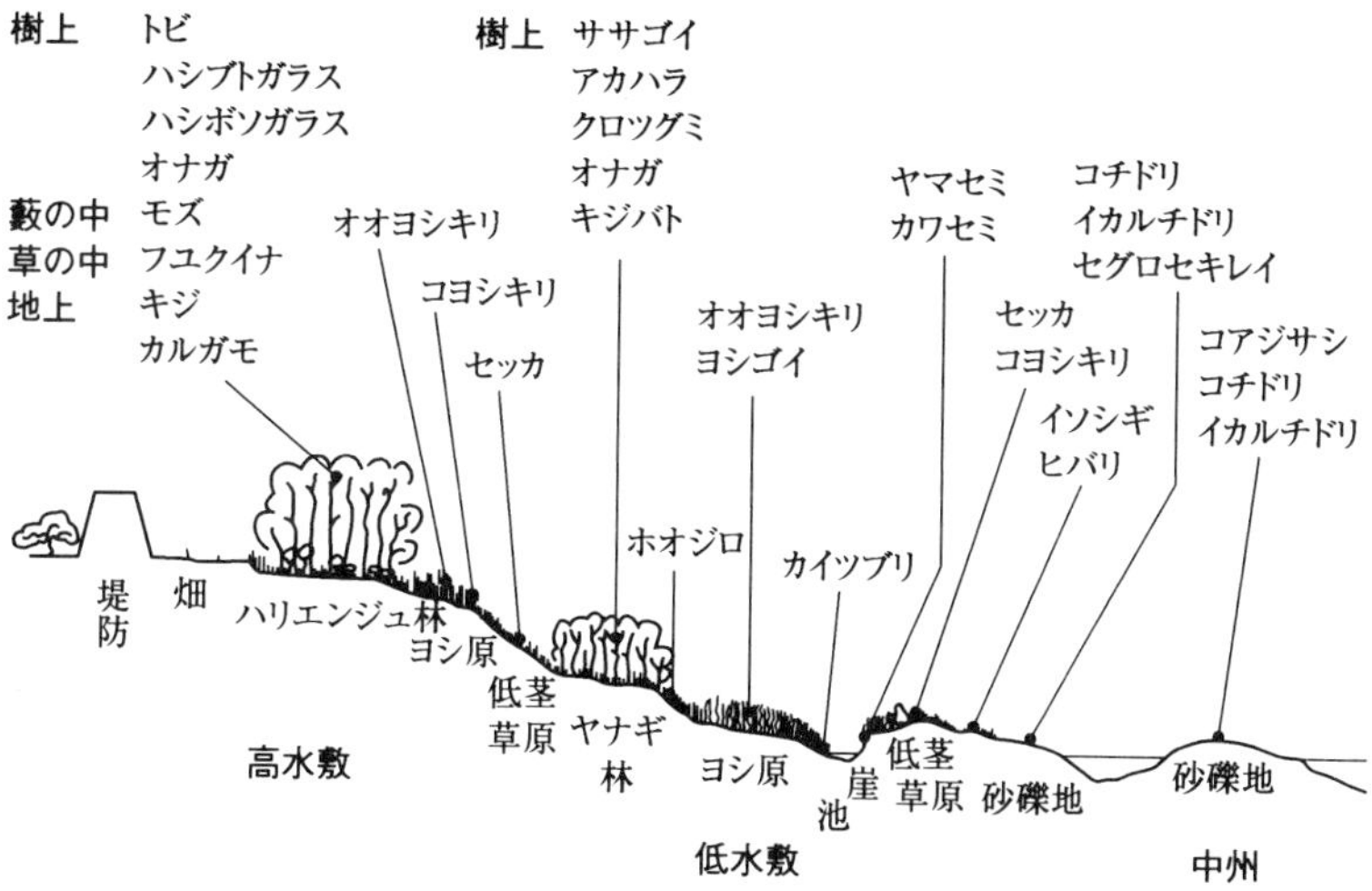

図 2-16　中村（1999）による千曲川河川敷で繁殖する鳥類の営巣環境の比較

ると窒素固定菌類を共生するマメ科の植物は大気由来の窒素源であることがわかります。他の植物も水辺から遠ざかれば河川水を直接利用することはなく、雨あるいはその場に発達している土壌から栄養を吸収しています。この第三の経路も食う—食われるの関係で最終的には鳥類に物質の流れは行き着きます。河川生態系にとって鳥類は三つの物質経路のターミナル的存在と言えます。

生物群集相互の関係はここまでに紹介した物質を介するものの他に生息場の質を利用する関係も存在します。例えば鳥類の分布を見るとそれぞれに特徴のある場所に生活域を決めているのがわかります。中村[5]は河川敷を利用する鳥類が繁殖時にどのような場所を選択しているかを図2‐16のように示しました。直接餌として利用しなくても営巣の場所として植物群落を利用している様子が理解できます。このような物質的やり取りではない生物群集相互の関係にも注意を払う必要があります。

汚水生物学

日本では一九六〇年代から大都市周辺の河川で水質汚染が深刻になりました。東京の名所、隅田川がまっさきに黒い川となり、続いて清流、多摩川も汚濁河川の代名詞ともなったことを記憶されているのではないでしょうか。幸いにして東京の二つの河川共に最近は回復の傾向にあり、隅田川には遊覧船も再開されるようになったようです。しかし、その代わりに地方の中小都市近郊の河川の汚染が話題になるようになり、毎年水質ワースト5の河川名が湖沼と共に報道されるようになって久しいことは嘆かわしいことです。

どんなに汚染された河川でも、その環境下で生活する生物が存在しています。極度に汚染した河川を、他人事のように死んだ川と表現する人が居ますが、正しい表現とは言えません。真っ黒な、腐臭のする河川にも嫌気性の細菌類を中心とする生物が生息し、水中に混入した汚染物の除去に活躍しています。その結果としてメタンガスや硫化水素が発生し、硫化物によって水が黒っぽくなります。汚染物が流入する水域では大なり小なりこのような生物活動が行われていますが、好気的な環境下でのみ生きることのできる私たち人間は嫌気的環境をつい死の世界と誤解しがちです。

産業革命以後のヨーロッパの都市近郊でも河川水質の悪化が社会的問題となっていたことは都市への人口の集中と産業からの廃棄物の増加を考えれば当然のことでしょう。すでに紹介したように、ヨーロッパ人がその清潔さに感心したという江戸時代でもお歯黒どぶの呼び名があるように、人家の集中している地域の小水路の水質は嫌気的環境であったことが想像できます。

このような水域にも生物活動があり、その生物活動が水質の浄化に役立っていることを指摘したのがドイツの植物生理学者コルクウイッツと動物学者マールソンであると上野(1977)[1]が紹介したことについては前述しました。それは植物性腐水生物(一九〇八年)と動物性腐水生物(一九〇九年)のことで、コルクウイッツ・マールソンの腐水生物系と呼ぶものです。ここでの水質汚染の多くは生活系からの有機物汚染ですが、その汚染の程度によって生物の種類、量が変化するばかりでなく、汚染を好む生物相も存在し、それぞれに環境に適した生理作用を行っているという理解です。そこで彼らは具体的な生物の種類を上げて、水域を汚染の尺度から三つに区分することを提案しています。

その一は強(多)腐水性生物区で、嫌気性細菌類や原生動物の世界です。第二は中腐水性生物区で、好気的環境を残し、緑色生物の増加や生物的酸化が進行している、嫌気性の細菌類と好気性の生物が混在している世界と言えます。両者の比率により、より嫌気的環境に近い条件下の生物区をアルファ(α)中腐水性生物区、より好気的環境下にある生物区をベータ(β)中腐水性生物区と細分しています。第三は弱(貧)腐水性生物区で汚染度の低い清水区がこれに相当します。このような腐水生物系の考え方は汚水処理や水質浄化の研究ばかりでなく、湖沼や河川での物質循環における微生物ループの研究につながっていく下地ともなるものでした。

汚水生物学研究を日本で提唱したのは津田松苗(1964)[11]ですが、その著書の前書きで汚水生物学の重要な項目として、①生物学的判定、②自然浄化、③汚水処理、の三項目を上げています。生物学的判定についてはコルクウイッツ・マールソンの三つの腐水生物区に具体的な生物種名を上げ、それぞれの水域での汚染度を生物調査から判定しようとするもので、その地域の特性によって判定基準を決めておく必要があります。

その生物としては各種の生物群が必要になります。津田が提示した汚水生物学的指標生物表にはバクテリア、菌類、らん藻類、鞭毛藻類、双鞭毛藻類、珪藻類、緑藻類、接合藻類、根足虫類、鞭毛虫類、繊毛虫類、海綿動物、蠕《ぜん》形動物、輪虫類、蘚苔動物、軟体動物、甲殻類、昆虫類、など、多くの分類群に属する動植物が含まれています。

水域の汚染度の判定には化学分析による水質測定が直接的です。しかし、正確な化学分析には専門知識と分析技術、分析機器などが必要で、一般の人にとっては簡単に水質を測定することはできません。また、河川の水質は時々刻々変化する特性があり、一時的に通過する汚染を適格に把握することには困難があります。それに対してその場所に定住している、水質変化に敏感な生物を用いての汚染度判定は、一時的な汚染や積算的な汚染度を判定するのに適しています。また、目に見える大きさの生物を汚染度判定の指標に使えれば、一般の人にも容易に判定ができるという利点もあります。現在、環境省や国土交通省でも使われている水生昆虫を主体とした河川水質判定がこの例です。

しかし、水生昆虫類を主体とする生物判定にも問題があります。例えば、生物判定では汚水性のヒルが居ることで汚れていると判定された場所でも、化学的水質判定の結果はきれいな水の範囲にあり、両方の判定が一致しないということもあります。両方の判定共に正しいのですが、その判定の差には河川水が常に流れているという河川特有の性質が関係しています。人間の生活が関係している河川水質の変化には、私たちの一日間の生活リズムが反映していて、常時汚水が河川に流れ込んでいる訳ではありません。化学分析では採水した時に流れていた水を測りますが、採取された生物は一日間、あるいは何日間かの間に流れた汚水の積算により影響されています。

もし、化学的にその時の水質がきれいであっても、その場所から汚水性のヒルが採れたとすれば、一日間に汚水が流れる時間帯があることを示しています。家庭や工場、事業所からの排水は常時排出されているわけではありません。家庭であれば洗濯や、食事、入浴後の時間帯、工場や事業所であれば、廃水が出る行程の作業後に排水されます。また、排出された排水が川を流れ下る時間もあります。排水の影響のある時間帯に採水すれば化学分析と生物判定は一致するはずです。しかし、排水されていない時間帯に測定すれば両者は一致しません。その場所の環境状況を評価するためには、水質と生物、自然と社会の関係を良く理解したうえで、総合的な調査計画を立て、得られた結果を客観的に解釈することが必要です。

もう一つ大切なことは基準となる水質は全国一律に一定ではないということです。例えば、東京近郊の河川の汚染度を上流から河口まで比較するための判定基準を作成します。その判定基準で信州の河川の水質を判定するとほとんどの河川が「きれい」の判定になります。しかし、以前に比較すると信州の河川の水質は変わり、きれいとは思えないと周辺の人は実感しているに違いありません。その原因は汚染度の上限が大都会と地方では異なることにあります。環境の質の認識は絶対量よりも相対的比較によって得られるものですから、全国的な比較を目的とするのでなければ、それぞれの地域で、それぞれの判定基準が必要ではないでしょうか。それは指標生物の選定にも言えることですし、ある生物が居る、居ないだけでなく、複数種の量的な割合を含めて、それぞれの地域で評価基準を工夫することも大切です。一つの例として長野県駒ヶ根市で試みた例（1981～1982）を次に示しておきます。ただし、この判定は一般の人が行うという前提で作成しています。

駒ヶ根市は中央アルプスの山麓を主体として広がる地域で、台地を浸食して小河川が天竜川に流入しています。いずれもが急流で、水質も全般的には良い方ですが、家庭や事業所からの廃水が流れ込む時間帯には汚水が流れます。河川に生息する生物はそれらの汚水の混入を敏感に感じ取って、組成を変えています。それでも全国共通の生物判定尺度ではほとんどの地点が「きれい」の判定になり、地点間の比較ができませんでした。

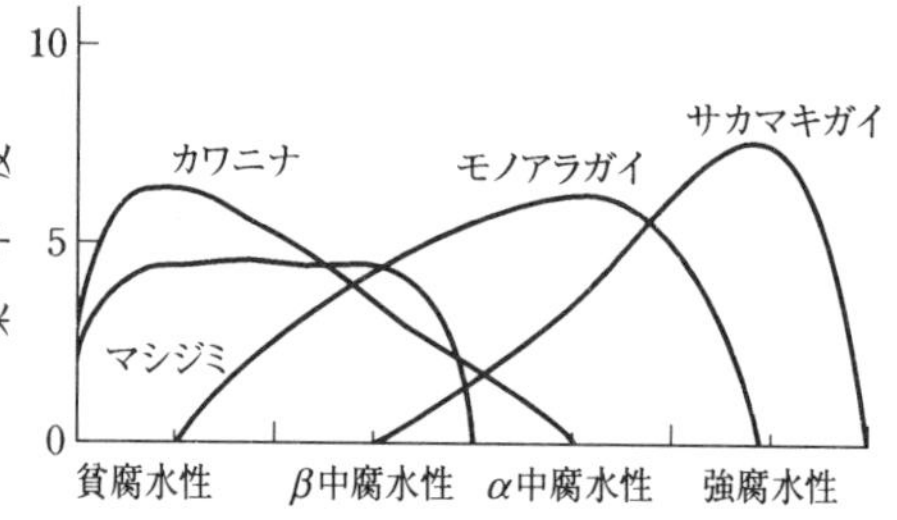

図 2-17　河川の汚濁階級と軟体動物（貝類）の生息範囲との関係（御勢，1998より）

そこで、駒ヶ根市の小河川を対象とする独自の判定基準を検索表を含めて作成しました。判定に用いた底生動物は事前の調査からカワゲラ、カゲロウ、シマトビケラ、コカゲロウ、ミズムシ、ヒル、その他の七種類に分類し、それぞれの組み合わせから四つの水質ランクに分類しました。

①：非常にきれい　：カワゲラがいる。カゲロウが多い。
②：きれい　　　　：シマトビケラ、コカゲロウが主。ヒルはいない。
③：やや汚れている：コカゲロウが多い。ミズムシ、ヒルがいる。
④：汚れている　　：ヒルが多くなる。

このランク分けがどこでも通用するということではありません。しかし、身近な河川の状況を事前に専門家に把握してもらい、その地域独自の判定基準を作ることで地域にあった河川水質の維持が可能になります。

生物の生息可能環境にはそれぞれに幅があります。水質に対しても同様で、ホタルの餌となるカワニナは貧腐水性から中腐水性の半ばまでの水質に生息しています。カワニナが生息しているからといって必ずしも貧腐水性とは言えないということです。御勢（1998）は指標生物として使われている河川の底生動物（軟体動物、甲殻類、双翅目、コカゲロウ属）についてそれぞれの生息域と汚濁階級との関係を図示しています。図2－17はその中の軟体動物、貝類についてのものです。この図からもわかるように、カワニナとマシジミが観察されても、同時にモノアラガイが混じってくれれば水質はβ中腐水性に近いということになります。よりきれいな水質環境の地域ではこのような組み合わせを利用することで、地域に即した水質判定をすることが可能になります。

調査の当時、駒ヶ根市の住民の多くは河川に排水を流したり、ちょっとしたゴミを流すことにあまり抵抗がありませんでした。これは駒ヶ根市の人たちだけではなく、日本の多くの地方都市、農村でもごく普通なことでした。「三尺流れれば水清し」という諺がある日本では汚れは河川が自然にきれいにしてくれるものだという甘えがあります。この諺の中身には川は流れている、日本の河川は短く、急流が多い、流れている間に自然にきれいにしてくれる、という意識があります。

確かに、河川には汚れを浄化する機能があります。これを河川の自浄作用と呼んでいます。しかし、物を使う量の少なかった時代であれば別ですが、現在のように生活から流れ出す多様で、大量な汚水を処理するほどの自浄能力は河川にもありません。ましてや人口も多く、排水が集中する都市域では河川の自浄力を上回る廃水が流れ込み、中小河川の汚濁を招きました。農村の集落程度でもつい最近まで同様の河川汚濁が発生していました。

日本でも以前から無闇に汚水を直接河川に排水していた例は多くありません。必ず池や素堀の穴に排水を貯め、表面流出か地下浸透で自然水域に排水していたはずです。特に、地方都市や農村部では水の使い方に工夫がされていた様子が残っています。河川の持つ自浄作用は最後の手段で、三尺流れてきれいになる程度までは各自が責任を持って処理に工夫を凝らしていたということではないでしょうか。

河川の自浄作用には物理的な浄化と生物的な浄化があります。物理的浄化には希釈作用と濾過作用があり、各発生源からの排出基準の策定には希釈作用が考慮されています。濾過作用は中流域より上流の河床が礫である河川域では生物作用と連動して大きな働きをしています。夏期アオコが発生している諏訪湖を主な水源とする天竜川は夏季になると緑の水が流れています。しかし、諏訪湖から二〇キロメートル下流の伊那市まで下れば緑色は薄くなっています。一方、諏訪湖から流出後すぐに分水し、三面張の水路を流れ、農業用水として利用されている西天竜用水は同じ伊那市まで下ってもその水色は緑のままでほとんど変化しません。

　天竜川本川と三面張の西天竜用水との差は自然河川と人工水路の浄化力の差で、その主な原因は河川と水路の構造の差と言えます。天竜川本川では支流の流入による希釈作用もありますが、河床の礫による濾過作用と礫に生息する生物作用が大きな浄化力を発揮していることが証明されています。一方、人工水路の西天竜用水は濾過作用も生物作用も働き難い構造となっています。

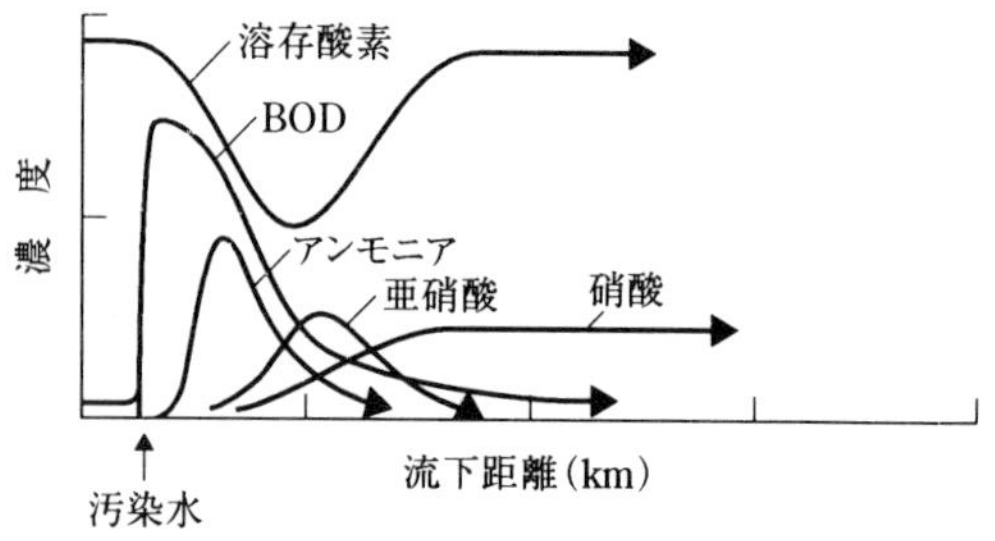

図 2-18　河川に汚濁物（有機物）流入してからの水質の変化

　河川生物による浄化作用は水中と河床の礫表面で行われています。中でも礫表面での浄化作用には細菌類、付着藻類から水生昆虫を主体とする底生動物に至るまでの生物システムが大きな働きをしています。細菌類は水中に溶存する有機物を吸収、分解し、さらには付着物中での分解者としての役割をも果たしています。汚水が河川に負荷された地点から流下方向に水質を測定すると図2‐18のような変化が見られます。

　負荷される汚水の質と量によっても左右されますが、有機物が流入すると水中の微生物の働きで有機物が分解し、BODあるいはCODは減少していきますが、微生物の分解によって酸素が消費されることから、水中の酸素は減少します。同時に有機物の分解の結果として最初にアンモニア成分が水中に増加、これを酸化分解する細菌類の働きにより亜硝酸、硝酸が増加していきます。窒素成分やリン成分は溶存態になると河床の礫に生活する付着藻類により吸収され、藻類の増殖が起こります。付着物量が増加すると付着物は自然に剝離し、流下します。これらの流下藻類を含めて、河川を流下する懸濁物をSSと呼んでいますが、千曲川の例でも紹介したようにこのSSは河床の礫に生活する造網型の水生昆虫の食物として利用されています。

以前には河川の自浄作用というと水中の汚染物、主に有機物の浄化力を指している場合が多く見られました。しかし、現在では細菌類から付着藻類、それらを食する底生動物から魚類に至るまでの食物系を通して、河川の生物システム全体が浄化機能として働いているという認識が必要です。

オダム（1971）は湖沼と河川を含めて、基礎生産力（P）と分解力（R：微生物群集の総呼吸量で表示）との比からその水域の環境を自栄養的か他栄養的かの判断をしています（図2‐19）。河川に汚染物として有機物が流入すればその有機物を分解するために細菌類の呼吸量が増えます。つまり、有機物汚染のある川のP／R比は1より小さくなります。逆にP／R比が1より大きい水域は富栄養化が進行し窒素成分やリン成分の濃度が高いことを意味しています。千曲川の中流域のP／R比は1より大きく、一日間のpHの変動も大きいことから有機物汚染よりも富栄養化の傾向にあることを示していました。現在の河川では一時の水質汚濁現象に加えて、湖沼の場合と同様に河川水の富栄

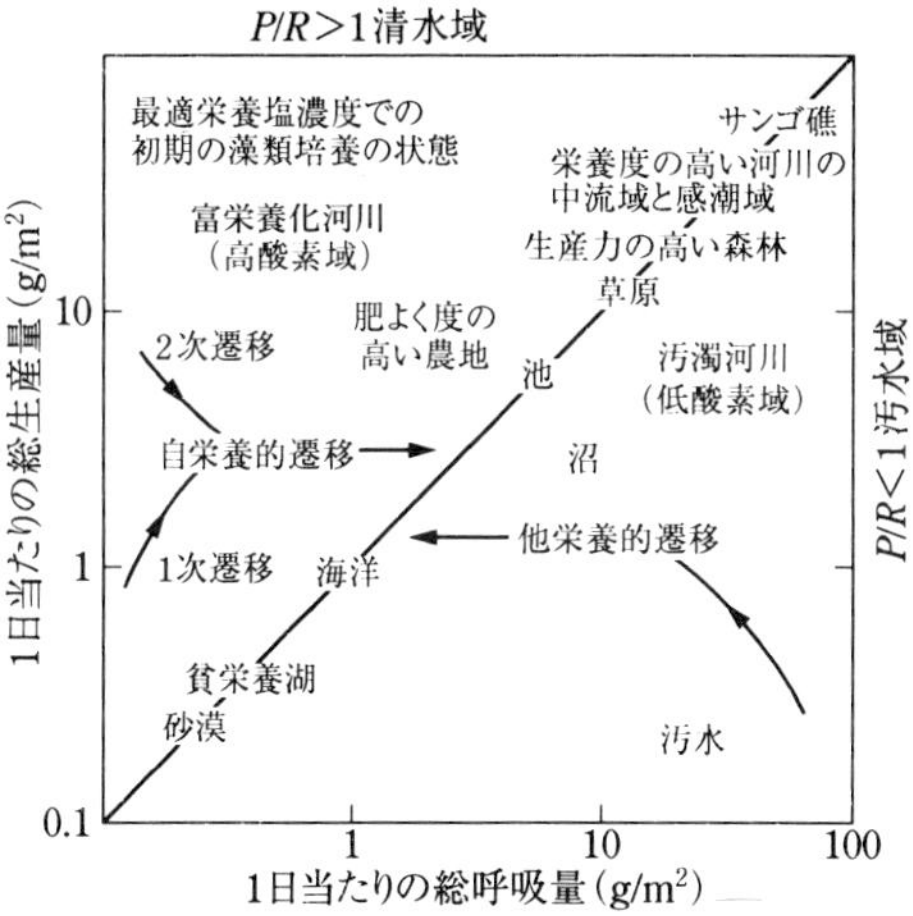

図 2‒19　オダム（1971）によって示されたP/R比による水域特性と他の生態系との比較

養化現象が顕著になっていることがわかります。このような河川に河川を横断する堰堤やダムを構築すると上流側の湛水域には植物プランクトンが発生し、水質を変える原因となることがあります。

汚水生物学の対象とする汚水処理にも生物処理過程では生態学的現象が多く見られます。その内容には河川の自然浄化で働く微生物群の関係と似ている点が多くあり、河川は汚水処理の散水濾床法を横型にしたものだと説明する人もあります。多くの廃水処理に使われている活性汚泥法や回転円盤法も河床の礫上に付着している生物膜の応用編とみることもできます。汚水処理にも生態学的現象は多くありますが、他書に譲り、この章を終えることにします。

三、河川と人間活動

諏訪神社御柱祭り川越えの行事

河川と人間生活との関わり

河川を征する者は国を征す

湖沼と同様に河川は人間の生活に古来から大きな関わりを持ってきました。その関わりには水そのものの利用、河川から採れる漁獲物の食料としての利用、下流から上流へ、またはその逆に交通路としての利用が上げられます。そして、河川と人間との関係は恩恵と被害の繰り返しでした。中国では「河川を征する者は国を征する」と言われたほどに河川との付き合いは為政者にとっても重要な課題でした。わが国でも、また、山岳地のネパールでも、近代技術が発達する以前から川の水を上流から延々と水路で引いて潅漑用水として利用してきた歴史もあります（写真参照）。しかし運河の開削は別として、河川の流れを人為的に大きく改変したり、水質を汚染するようになったのはそれほど古いことではありません。

イギリスのテームズ川の汚染にしても、ヨーロッパの大都市に関係する河川の汚染、アメリカのイリノイ川の汚染にしても一八世紀の産業革命以後のことでしょう。水資源や電力の確保のために計画された大規模なダムの造成はさらに遅れて一九世紀後半か

ネパール西北部の山地河川に造られた横型水車群

ら二十世紀に入ってからのことです。一九三六年に完成したアメリカのフーバーダムはコロラド川中流に建設されたコンクリートダムとしては世界初のダムで、その後のダムに多くの影響を与えることになったそうです。現在のロサンゼルスやラスベガスの発展はこのダムをなくしては語れないとされています。

日本でも大都市の水資源の確保と電力の確保は東京を抱える利根川水系で明治終わりから大正にかけて議論され、昭和一二年から利根川の調査が開始されたという歴史があります。利根川水系に本格的な大規模ダムが造成されたのは昭和三一年に完成した五十里ダムです。これを皮切りにして、昭和三十年代に多目的ダムとしてその多くが建設されています。

日本の水資源政策

日本では昭和三十年代には経済成長と共に慢性的な都市型渇水が続き、それに対処する目的で昭和三六年十一月に「水資源開発促進法」が制定されました。この法律は、広域的な都市用水対策を必要とする地域を水資源開発水系に指定し、水資源開発基本計画を定めることを目的としています。現在までに指定されている水域は、関東の「利根川水系および荒川水系」、中部圏の「木曽川水系および豊川水系」、近畿圏の「淀川水系」、四国の「吉野川水系」、北部九州の「筑後川水系」の七水系です。図３－１は、利根川・荒川水系に設置、あるいは計画中のダム群を示しています。首都圏の人口と産業を養うためにはいかに多くのダムが必要とされているかがわかります。他の六水系についても事情は同じです。その代替として影響を受けた河川と河川生物がどれほど多いかについて想いを馳せた人がどれほどいたでしょうか。

都市への人口の集中が渇水を呼び、産業の拡大と生活の都市化が電力需要の増大を招き、水資源の確保が緊急の課題であったことが巨大なダム群の建設につながっています。また、台風や大雨による洪水対策としての河川改修は平地部の大河川から地方の都市近郊の中小河川にまで及ぶようになりました。結果はダム下

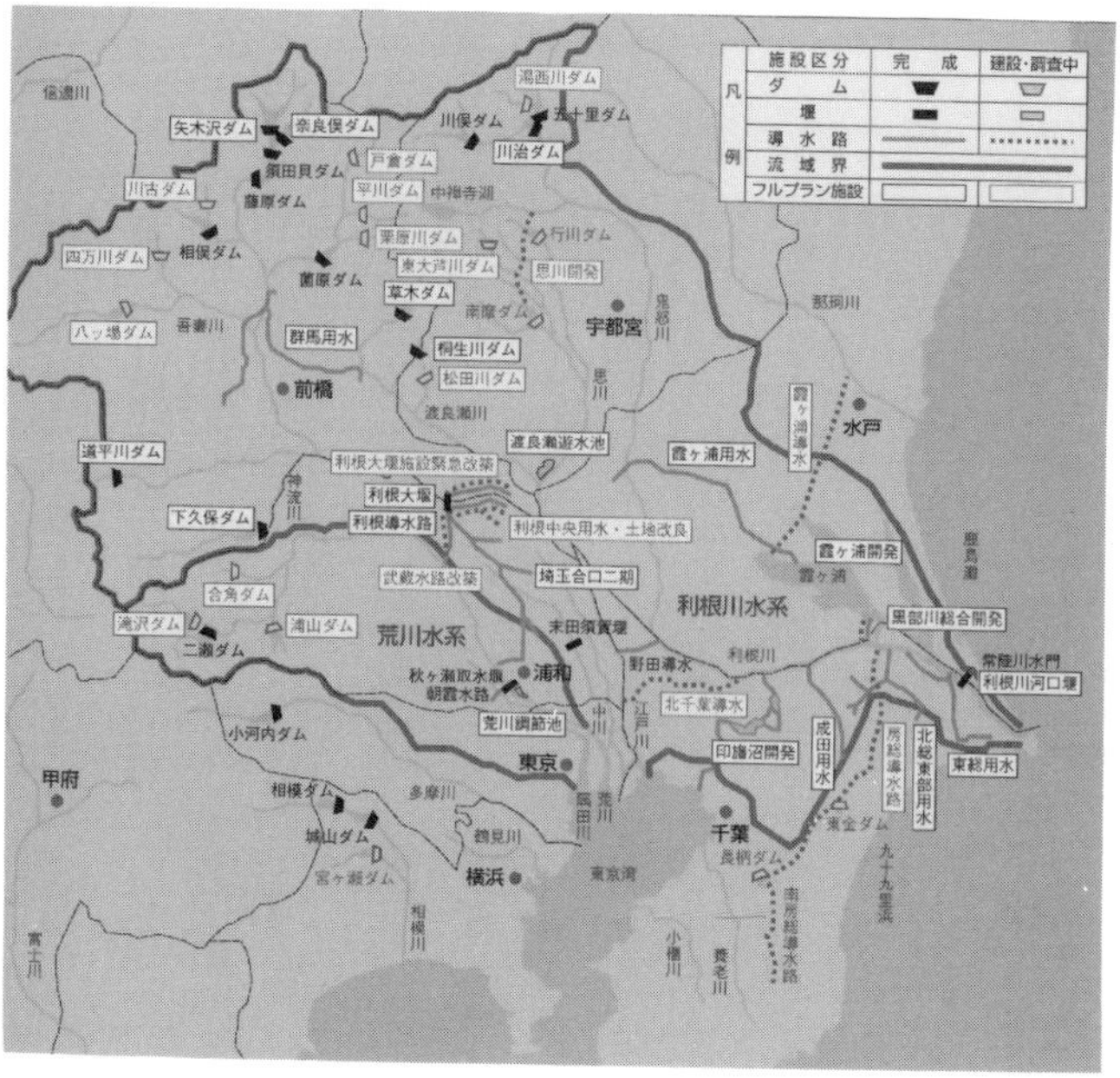

図 3-1　利根川・荒川水系水資源開発事業位置図に見るダム群
(㈶河川情報センター，日本の水事情，p. 51より引用)

流の瀬切れ、人工の水無川の出現と、蛇行のない直線的な人工河川が全国至る所で出現したことです。

農村地域でも農業用水の用・排水分離が行われるようになると、水路は三面張りの溝と化し、ただ水を流すだけの機能しかなくなりました。昭和三十年代の水質汚濁による水環境悪化に加えて、水域の生物にとっては棲み場所を奪われるような事態が全国的に進行したのが昭和五〇年を挟む時代のことです。ダムにしても河川改修にしても、それらの計画には水は人間だけの物という意識しかなかったのではないでしょうか。これは建設する人ばかりでなく、そこに生活している人すべてにも言えることです。

前シリーズ「生態学への招待⑤川と湖の生態」[9]で小泉（1971）は「7、利水・治水と生態学」の章に水政策と生態学の項を設けて、生態学的な知見を水政策に生かすことを提言しています。そのためには生態学を基調とした周到な調査と研究、その結果をもとにした適切な環境影響評価が必要になります。しかし、残念ながら一九七〇年代から急速に進行した巨大ダムの建設や河川の大改修に際してその提言はあまり生かされることはありませんでした。

河川管理に自然環境や景観に対する配慮が公的に示されたのは平成六年一月に当時の建設省から発表された環境政策大綱です。この大綱の中で初めて、今後の建設事業においては環境を内部目的化することを示しました。平成九年には河川法が改正され、それまでの治水、利水に、新たに河川環境の整備と保全が位置づけられました。その基礎となったのは「今後の河川環境のあり方について」の河川審議会からの答申（平成七年三月）です。その内容は、今後の河川行政においては「生物の多様な生息・生育環境の確保」、「健全な水循環系の確保」などの視点を積極的に導入すること、となっています。

河川環境のあり方

丁度時を同じくして、河川工学の研究者と生態学の研究者が河川のあり方について意見を交換する場が設けられ、河川生態学術研究会が発足しました。会の発足当初は両者の意見がかみ合わないことも多かったのですが、多摩川、千曲川、木津川、北川と現場での共同作業と議論を重ねることで生態学的な視点からの河川の共通理解に近づきつつあります。この研究会が設定した研究テーマの枠組みは次のようなものです（河川生態学術研究会パンフレット、2001）。

① 河川流域・河川構造の変貌に対する河川の応答を理解する。

② 生物生息場所（ハビタット）の類型化とその変動（自然、人為による）あるいは適正な分布を明らかにし、今後の河道管理と流量管理の基礎資料を得る。

③ 特定区間における生物現存量、生物種組成、種の多様性、物質循環、エネルギーの流れを明らかにし、河川生態系モデルを構築する。これらを用いて、河川の環境容量を推定し、今後の河川管理に資す

る。

④　河川に再自然化工法など、環境インパクトを与え、その効果の影響を明らかにし、評価の手法を確立し、河川の自然復元の手法を探る。

⑤　①~④に関する結果を総合し、生態学的な観点より河川のあるべき姿を探る。

以上の研究はようやく軌道に乗りつつある初期段階で、まだ目標に達するまでには至っていませんが、本書の河川の生態学にはいくつかの成果を利用しています。また、このような研究の機会ができたことで、生態学あるいは河川工学の分野で河川を研究の場とする発表が増えつつあります。自然の河川と人間の生活との関わりを正しく理解し、今後の河川行政に生態学的視点が盛り込まれることを期待しています。

将来は将来として、これまでに指摘されてきた河川への人間活動による影響は水質汚濁、ダムの築造、そして河川改修でしょう。それぞれの問題点を生態学的視点から考えてみます。

水質汚濁

水を汚すのは誰

水質汚濁の現象は私たちの生活の身近にある河川から始まります。前章の汚水生物学でも触れてきましたが、原因はすべて人間活動によるものです。人間活動にもいろいろありますが、生活活動、産業活動、観光活動、農業活動、林業活動など、あらゆる種類の活動が河川水質の変化に関係しています。

排水を河川に直接流していないから私は河川水質の汚染とは無関係と思っている人はかなり多いのではないでしょうか。それは間違いです。河床の汚染の項でも触れているように、誰しもが、生活している限りは大気、土壌、地下水を通して、最終的には河川水質と無縁でいることはできません。水が循環していることは「湖沼の生態学」(17)ですでに述べました。その水が地球上の物質を運ぶ役割をしていることも指摘しました。人間が活動する限り、どこかの段階で廃棄物が環境に放出されます。その廃棄物は水に溶けていたり、ガスとして大気中に放出されたり、固形物として地中に埋められたりしますが、結局は水に溶けて河川、湖沼、海洋に流出することになります。現在問題視されている内分泌撹乱性物質、通称環境ホルモン関係物質の多くも放出したと意識している人はほとんどいないのではないでしょうか。見えにくい汚染ほど怖いものはありませんが、その汚染の経過には水域の生態系が関与しています。放出直後には危険性の少ない物質が、生態系を径由することで危険となるリスクをどのように評価するかについては現在研究中ですが大変難しい課題です。

当初の水質汚濁は自然水域の好気的環境が嫌気的環境に変わることで、好気性生物が減少、あるいは死滅し、嫌気性生物が主役を取って代わることが問題でした。当然それまで見られた魚介類は居なくなり、漁業も成り立ちません。人間の生活環境としても不快です。しかし、生物が死滅したわけではありません。嫌気性生物は活発に活動し、硫酸還元菌は硫化水素を、メタン生成菌はメタンを、脱窒菌は窒素ガスを産生し、水中に放出します。そして、水面から大気中に放出されていきます。その機構もまた環境と生物群集の関係で構築されています。人間はこれを環境汚染と呼びますが、過剰な物質が環境に排出された時の環境修復にとってこの過程は自然界の物質循環上重要な過程でもあります。

一方、重金属の場合は生物体への濃縮が問題になります。これは濃度の大小に違いはありますが農薬汚染や、環境ホルモンの場合と同様な生態機構に依っています。河川であれば水中から付着藻類を経て底生動物に摂食、あるいは底生動物が直接餌として食し、さらに魚類、鳥類へと伝わり、物質の性質によって生体内へ濃縮されていく経路です。これは生態系の生物群集の中での物質循環機能そのものと言えます。

有機物汚染の激しい河川は汚染の当初は白っぽく濁りますが、やがて水色は黒くなります。水域環境が好気的条件から嫌気的条件へと移り変わっていることを示す現象です。水路の側壁や構造物には白い水綿状の物が付着、どぶ臭と共に水色は黒っぽく変色していきます。白い水綿状の物はスフェロチルスやベギアトアといった細菌類の塊ですが、これらの細菌類は水中の汚染有機物を分解し、水中から除去する役割をしています。水色が黒っぽくなるのは硫化物が生成していることを示しています。

江戸時代の下町の光景を表現した言葉にお歯黒どぶと言うのがあります。ヨーロッパ人が世界一きれいな街と驚いた江戸の街でも、人が多く集まり、人の生活があれば排水路は汚れて当然です。しかし、江戸時代の人たちは共同して定期的などぶ掃除をしていたに違いありません。その結果が他国から訪れた人に清潔な街としての印象を与え、風情を感じさせるお歯黒どぶという表現になったのではないでしょうか。

河川の環境基準　河川の環境基準では有機物汚染の指標としてBODが使われています。BODはBiological Oxygen Demandの略称で、生物化学的酸素要求量と訳されています。水中に混入した有機物は主に細菌類が分解、水中から除去しています。分解というと難解ですが、細菌類が有機物を餌として食べていると考えればよいでしょう。餌となる有機物の一部は細菌類に食べられて細菌類の体になります。一方、細菌類が生活するにはエネルギーが必要になります。細菌類による呼吸作用ですが、人間と同様にその時に酸素が使われます。水中に混入した有機物を全量細菌類が食べれば、混入した有機物の量に比例して酸素が必要になります。言い換えれば使われた酸素の量がわかれば水中に混入していた汚染物としての有機物量がわかると言うわけです。当然BOD値が高ければ高いほど汚れていると言うことになります。

BODを生物化学的酸素消費量と言う場合もありますが、英文をそのまま訳せば生物化学的酸素要求量の方が的確です。その理由は当初ＢＯＤが汚水処理に際して使われた分析法であったからではないでしょうか。汚水処理場には屎尿を始めとして高濃度の有機物が入ってきます。その有機物汚水を好気的に生物処理するためには前述したように細菌類の呼吸に必要な酸素量が水中に確保されていなければなりません。しかし、自然状態での水中には一定量の酸素しか溶けていません。これを溶存酸素と呼んでいます。水中の溶存酸素量は水温によって飽和溶存量が左右されますが、摂氏二〇度付近ではほぼ一リットル当たり一〇ミリグラム程度です。もし、それ以上の酸素を必要とする汚水が流入すれば水中の酸素は不足して、汚水処理が中途半端になってしまいます。そこで受け入れた汚水を全量分解するために必要な酸素量はどのくらいかを知る目的でＢＯＤが測定されます。仮に処理場に流入する汚水のＢＯＤが一リットル当たり二〇〇ミリグラムであれば、この汚水を全量処理するためには一リットル中の汚水に二〇〇ミリグラムの酸素注入が要求されるということです。もし、酸素が足りなければ処理場からの排水中には未分解の有機物や分解途中の有機物が含まれていて、排出先の河川を再汚濁することになりかねません。そこで、処理場ではあらかじめ十分な酸素を吸入し、再汚濁が起きないようにするためにはＢＯＤを知る必要があったわけです。ちなみに、現在、日本の下水処理場ではＢＯＤが一リットル中二〇〇ミリグラムの汚水を受け入れるように設計されている所が多いようです。屎尿のＢＯＤはおよそ一リットル当たり一〇、〇〇〇ミリグラム程度ですから、水洗便所での水量や他の流入汚水量などを配慮して、五十倍程度に薄まって入るように計画されています。下水道計画地域の工場や事業場が下水道に排水をする場合、排水量にもよりますが、その排水の水質をＢＯＤが一リットル中二〇〇ミリグラムと上限を決めている所が多いようです。

ＢＯＤの測定は次のような手順で行います。まず最初に測定対象となる汚水の原水を希釈するための希釈水を調整しておきます。希釈水には微生物が増殖するのに必要な栄養塩類を決められた濃度で注入し、十分な酸素が希釈水に含まれるよう、エアーポンプで通気します。この希釈水にあらかじめ用意した培養微生物を接種し、この希釈水を用いて測定対象の汚水を測定可能な濃度まで希釈します。測定可能な濃度というのは水温二〇度で水中に溶存可能な酸素量の範囲と言うことですから、ＢＯＤにして一リットル中一〇ミリグラム以内です。この時に理想的な酸素の消費量は飽和量の三〇〜七〇パーセントとされています。詳しく言えば原水をＢＯＤが一リットル中三〜七ミリグラムとなるように希釈する必要があります。しかし、原水のＢＯＤ濃度はわからない訳ですから、何倍希釈が必要なのかということには経験と勘が必要になります。

このようにして用意された希釈原水を孵卵ビンに封じ込め、恒温機の中、暗所で摂氏二〇度で、五日間培養します。その間に消費された酸素量から希釈倍率、希釈水そのものの酸素消費量を勘案して原水のＢＯＤを算出します。ＢＯＤの測定は原理は簡単ですが、五日間という時間がかかること、手間がかかり、経験も必要と言うことで、手軽に測定することができにくい欠点がありますが、汚水処理に当たっては重要な情報を与えてくれます。

河川の環境基準に何故ＢＯＤが採用されているかという理由は、自然状態の河川水中には酸素を消費する有機物がきわめて少なく、酸素の消費は流入する汚濁有機物がほとんどを占めていることにあります。一方、止水である池沼、湖沼などの閉鎖性水域では植物プランクトンによる呼吸で酸素が多く消費され、汚水そのものの酸素消費と区別することができません。そのために湖沼ではＢＯＤが過大に評価される危険性があり、化学分析によるＣＯＤが採用されています。河川の場合ＢＯＤを測定することで、河川水を好気的に維持するためには排水中のＢＯＤをどの程度の濃度に設定するべきかを知ることもできます。河川水中にはほぼ一リットル中一〇ミリグラム程度の酸素が溶存しているわけですから、その二〇〜三〇パーセント程度の酸素を消費する汚水が流入しても、不足分は短時間で大気中から補給されると判断します。さらに、河川には排水される汚水量の十〜百倍の水が流れていると仮定します。以上の二点と河川の自浄能力を勘案すると排水のＢＯＤ濃度は上限一リットル当たり二〇ミリグラムは大丈夫だろうとの判断です。これは上限の話で、周辺から他の排水が密に存在していない場合の話です。さらに河川に水が十分に流れている条件下でのことで、渇水期にはどうなるかを十分に検討しなければなりません。幸いにして最近の下水処理場の処理効率は良く、一リットル中一〇ミリグラム以下という所も多くあります。しかし、自然水に比べれば高濃度の汚水が集中して排出されているわけですし、放流水は河川水とすぐに混合し、希釈されることが少ないことから、処理水が放流された下流部の河川が汚されている印象を受けることもあります。特に、渇水期にはその印象を強く受け、処理場が周辺の住民から抗議される場合もあるかに聞いています。解決策としては排水を直接河川に放流せず、一度池に貯めて、二次的に河川に放流し、放流先はすぐに河川水と混合するように設計するなどの方策が考えられます。すでに、ドイツなどでも採用されていることで、自然界の水生植物や脱窒機能を利用した最終酸化池、脱窒池などを設けることが生態学的に見ても有効と考えられます。

農薬による生態汚染　カーソンが著書「沈黙の春」で警告した農薬についての生態汚染はＤＤＴ、ＢＨＣといった強力な難分解性の化学物質で、残留性の強いこと、生態濃縮が長期間継続することで問題とされました。最近は分解性の良い、残留性の少ない農薬が使われるようになったことは良いことですが、未だ手放しで安心とは言い切れません。それは現場での使い方にあります。

個々の農薬を含む薬剤については厳しい検査が行われるようになり、安全との評価がされて現場で使われています。しかし、現場では殺虫剤、除草剤を単品で使うばかりではないでしょう。同時に防菌剤、殺菌剤も使用しています。これらの薬剤を複合して使用した場合にそれぞれの薬剤の分解性はどのようになるかについての検査はされているとは限りません。農薬というと農業の問題と思われがちですが、最近は家庭でも、日常生活でも各種の薬剤がごく普通に使用されています。それらの薬剤は目に付きにくいのですがいずれも大気中に飛散し、最終的には降雨などを通して河川水に混入し、生態系の物質循環系に取り込まれていきます。生態学的にはこの複合的な汚染の際、どのようなことが起こるかに関心があります。しかし、自然界での薬剤汚染の実態についてはいくつかの報告例がありますが、未だその面の研究は進んでいないように思えます。通称環境ホルモンについてもこのような複合汚染としての影響を解明することが必要でしょう。

水道水の水質基準　人間の健康に関わることとして平成五年に水道水の水質基準が改定されました。その改定では健康に関連する項目として四十六項目（細菌二項目、無機物・重金属九項目、一般有機物九項目、消毒薬副生成物五項目、農薬四項目、建材・洗剤・その他十七項目）、快適水質項目として十三項目、監視項目（一般有機物六項目、無機物・重金属四項目、消毒薬副生成物五項目、農薬十一項目）として暫定的に二十六項目が上げられています。いかに多くの危険懸念物質が私たちの身の回りに存在しているかと言うことであり、いかに多くの危険物質を無警戒に私たちが日常使用しているかを認識する必要があります。

ダムの築造

ダムの形状　日本の河川は急流で年間の降雨量の三分の一は洪水時に降り、貯めておけない水とされています。そのために雨の少ない地域ではいかにして水を貯めて、年間の必要量を確保するかが古来からの課題でした。特に、穀物生産に用いられる農業用水の確保は小雨地方の最大の関心事であり、水争いの原因として大きな社会問題でもありました。

表 3-1 日本のダムにおけるダム高のトップ・テン (財)河川情報センター「日本の水事情，1997より)

順位	ダム高(m)	ダム名	形　式	所在地	起業者	完成年
1	186.0	黒　部	アーチ	富山県	関西電力	1963
2	176.0	高　瀬	ロックフィル	長野県	東京電力	1981
3	161.0	徳　山	ロックフィル	岐阜県	水資源開発公団	建設中
4	160.0	川　古	重　力	群馬県	関東地方建設局	建設中
5	158.0	奈良俣	ロックフィル	群馬県	水資源開発公団	1992
6	158.0	戸　倉	ロックフィル	群馬県	水資源開発公団	建設中
7	157.0	奥只見	重　力	福島県	電源開発	1961
8	156.0	宮ケ瀬	重　力	神奈川県	関東地方建設局	建設中
9	156.0	浦　山	重　力	埼玉県	水資源開発公団	建設中
10	155.5	佐久間	重　力	静岡県	電源開発	1956

飯田（1997）によれば、世界で最も古いダム築造の記録は約四千年前のエジプトで造られた石積みダムだそうです。日本でも記録としては約千九百年前にため池造成の記録が残っているそうですが、現存するものとしては香川県の満濃池（ダム高二三・五メートルのアースダム）です。これは約千三百年前に弘法大師によって築造されたとされています。香川県は現在でも小雨地域として多くのため池群があることで有名です。信州の上田地域も小雨地帯ですが、ここにも大小多くのため池群がみられます。

一〇〇メートルを越えるようなダム高のダムが築造されるようになったのは二十世紀に入ってから、一九三〇年代からのことです。さらに大きなダムの建設が行われるようになったきっかけはアメリカのフーバーダム建設で、以後、世界的に巨大ダムの築造が始まります。日本では第二次世界大戦以前にもダム高八〇〜一〇〇メートルのコンクリート重力ダムが建設されていましたが、巨大ダムの築造は大戦後、欧米からの技術導入による佐久間ダム（ダム高一五五・五メートル）、小河内ダム（ダム高一四九メートル）の建設が最初とのことです。表3-1にダム高と表3-2に有効貯水量に関してのトップ・テンを

表 3-2　日本のダムにおける有効貯水量のトップ・テン（(財)河川情報センター「日本の水事情（1997）より）

順位	有効貯水量(千 m^3)	ダム名	形式	所在地	起業者	完成年
1	458,000	奥只見	重力	福島県	電源開発	1960
2	370,000	田子倉	重力	福島県	電源開発	1959
3	351,400	徳山	ロックフィル	岐阜県	水資源開発公団	建設中
4	331,000	夕張シュパーロ	重力	北海道	北海道開発局	建設中
5	330,000	御母衣	ロックフィル	岐阜県	電源開発	1991
6	289,000	早明浦	重力	高知県	水資源開発公団	1977
7	229,000	玉川	重力	秋田県	東北地方建設局	1990
8	223,000	九頭竜	ロックフィル	福井県	建設省・電源開発	1968
9	220,100	池原	アーチ	奈良県	電源開発	1964
10	205,444	佐久間	重力	静岡県	電源開発	1956

示してあります。

ダムの型式は二つに大別されます。その一つがコンクリートダムで、重力ダム、アーチダム、中空重力ダムの三つが主なものです。その二はフィルダムと呼ばれ、ロックフィルダムとアースダムに分けられます。現在までに最も多く建設されているのは重力ダムです。重力ダムは堤体の重さで水圧荷重を支える型式です。もう一方のアーチダムは堤体の形状をアーチ形にして、水圧荷重を分散し、その多くを両側の岩盤に持たせる型式です。この型式では堤体の体積を重力式に比較して大幅に減らすことができます。谷幅が狭い、両岸の岩盤が強固な場所に適した型式と言えます。中空重力ダムは重力ダムの変形で、止水性、強度、耐久性に関して重要性の低い部分を中空にして堤体の体積を減らした型式です。重力ダムの堤体積に対して中空重力式では六五〜七〇パーセント、アーチダムでは三〇〜三五パーセントですみ、材料や工期の短縮を図ることができるという利点があげれています。

フィルダムは堤体材料が大きな採石（ロック）か土（アース）かで分けられています。フィルダムは一般に堤体の断面積がコンクリートダムに比較して大きくなりますが、基礎岩盤がかならずしも強固でなくても築造できるという利点があります。ただし、堤体上に洪水吐きを設けることができないので、洪水量の大きい地点では採用しにくいと言う欠点もあります。

いずれにしても巨大ダムは谷間を仕切り、流水環境を止水環境に変えるわけですから、その地域の生物群集に致命的な打撃となります。その生物群集は水域の生物群集だけではなく、渓畔林を含む陸域の植物、そこを生活の場として利用してきた動物群集にも直接、間接に影響を与えることになります。

ダム建設と環境影響評価

最近はダム造成に対して環境影響評価を行う例が多くありますが、巨大ダム建設初期には環境への影響について十分に配慮されていたとは言えません。環境影響評価の評価内容は社会的環境と自然的環境に二分されます。本書が該当する自然的環境だけをとり上げてみても、ダムの影響は水中そのものだけではなく、広くその流域の環境全体への影響として評価し、その影響の低減策を含めて議論する必要があります。ダムによる影響はダム本体の設置場所そのものだけでなく、ダムの上流域、下流域にも関係してきます。その影響は流域全体で考える必要があるでしょう。また、ダムが稼働される以後の問題だけでなく、ダム造成時の影響についてもあらかじめ予測し、対処する必要があります。

上流域への生物群集に対する直接の影響は、降下、遡上する水生動物に対してが最も大きいと考えられます。ダムの設置がそれら生物種の行動域を遮断することで、対象となる種の存続に大きな影響を与える可能性を秘めています。下流域への影響としては水量の増減による影響が最も大きいと考えられます。しかし、直接的影響だけを評価しても環境影響評価としては不十分です。生物の生活域、食物関係、物質循環系など、間接的な影響についての評価、つまりその地域の生態系としての自然環境に与える評価が重要です。最近は河川区間の水切れによる水生生物への影響を低減する目的で一定量以上の水量、維持流量を設定し、常時ダム下流へ水を流すようになったダムもありますが、その流し方にはまだまだ工夫が必要です。また、事後のモニタリングなどを通して生態系への影響を監視する仕組みも作られるようになりました。これについてもモニタリングがその目的に適うように運営されるためにはまだまだ多くの研究課題が残されている段階と言えます。

河川の水量と河川生態系

河川の特徴の一つは環境が常に変動していることがあげられます。水量についても同様で、あまりにも常時一定量の水量が流れていると、かえってその場の生物の生息環境を乱してしまう原因ともなりかねません。付着藻類の項でも説明したように、水量の増減が起こることで、付着藻類量の発達と剝離が繰り替えされ、河川の基礎生産力を高めています。流量に変動が少なくなり、環境があまりにも安定してしまうとかえって基礎生産力は低下し、他の生物相の生活にもマイナスの影響を与えることがあります。河川水中の生態系は河川の流量が変動することで、維持されている面もあることに注意する必要があります。

維持流量の必要性が認められ、実行に移されつつあることは良いことですが、もう一歩進めて、河川生物の生息環境にとって好ましい変動にも配慮してほしいものです。あるダムの維持、管理に維持流量が取りあげられ、実際に維持流量を常時流すようになりました。ところが釣りをしている人から、せっかく維持流量が流されているのに、生息するアユは減少し、採れたアユの味も落ちているという苦情が寄せられていると聞いています。その理由は流量の安定化が付着藻類の発達、剝離の周期に影響し、新鮮な付着藻類の発達をかえって阻害する要因となっているのかもしれません。人間の知恵、配慮が自然の摂理に及ばないことを知らされる事実でもあります。

淡水赤潮の発生

ダムの設置は水を貯めることが目的ですから、止水となったダム湖の水中では植物プランクトンの発生が大なり小なり起こるのは自然現象でもあります。上流域に人家の少ない山ダムであれば物質的負荷は少なく、富栄養化は起こりにくいと考えられますが、建設時に生えていた植物やその場の土壌から窒素やリンが湛水後に溶出し、富栄養化が進行する例が多くあります。最近はダム設置位置に生えていた木々は伐採し、持ち出すようになりましたが、それでも既存の土砂からの溶出は抑えることができません。なにがしかの富栄養化は起こり、結果として淡水赤潮の発生を見ることがあります。

淡水赤潮の発生する水域の水質は窒素、リン濃度がそれほど高くない、貧栄養から中栄養程度と評価される水域です。中本（1973）が報告した下久保ダムの例は中栄養から富栄養の水質でしたが、琵琶湖や野尻湖といった貧栄養的な湖沼で淡水赤潮の発生が見られています。人為的な汚水の流入がない山ダムも水質的には琵琶湖や野尻湖に近い水域であり、流入する渓流の水質もきわめて良好である場合が多いのですが、時折淡水赤潮の発生が報告されます。その原因としてはダム本体の底泥からの栄養塩類の溶出、もしくは上流域からの濁水の流入が考えられます。ダムへの負荷がなければ、底泥からの栄養塩類溶出は湛水後数年で減少し、水質も落ち着き、淡水赤潮の発生も一時的なものとなるはずです。しかし、ダムの設置により流域に新たな人為的負荷が加わると淡水赤潮の発生が日常的になる懸念もあります。

河川の保全は山林の保全から

上流からの濁水流入の原因としては水源地域の山林の荒廃が上げられます。水質維持の基本は水域に人為的な負荷を与えないことに尽きますが、山林荒廃も人為的な現象である場合が多くあり、間接的な負荷削減対策として、山林の保全は重要な対策の一つと言えます。河川の保全を考えるとき水源に広がる山林を保全、維持していくことの大切さは古来から経験的に知られていたことでしょう。その名残が山際に残されている水神を祀る神社であったり、足を入れることを禁じた森に精神的に残されています。

ダムの設置による河川への影響は下流域の河床変化にも見られます。河川は水を流すだけでなく、土砂をも下流へ掃流しています。ダムができれば当然ダムの底には今まで下流へ掃流されていた土砂が堆積します。土砂の堆積についてはダム築造の際にも予想されていたことで、その堆積速度を見込んで計画が立てられています。しかし、天竜川の支流三峰川に建設されている美和ダムのように予想をはるかに上回る速度（完成後三年間で予想の四十年間分の土砂が堆積）で土砂が堆積し、ダムとしての役割を減ずる事態が生じる可能性が懸念されています。その堆積のほとんどが大出水時に生じていることがわかっています（図3－2）。そこで、ダムにこれ以上土砂が堆積することのないように対策が取られつつあります。これがダムの排砂計画ですが、洪水時に生じる濁水をダムにバイパストンネルを設けて下流に流す仕組みが考えられています。当然濁水が下流に流れることで、下流の水生生物への影響が予想されることから、その影響についての調査が現在行われている段階です。

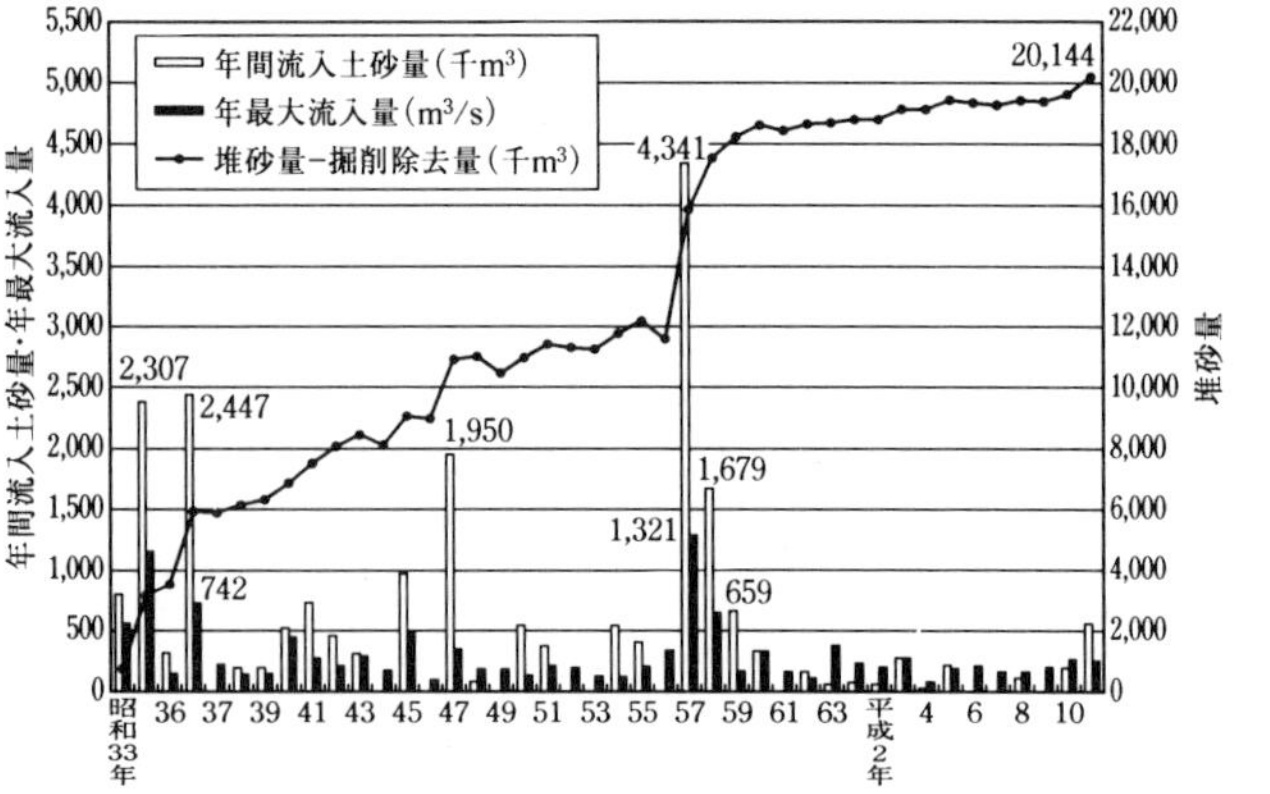

図 3-2　美和ダムの堆砂状況の変遷
（昭和33年〜平成10年）

美和ダムは天竜川の支流三峰川に昭和44年に完成したアーチ式コンクリートダムである。上流に南アルプスの崩かい地を有していることから流出土砂が多く，昭和36年，58年の２回の大出水時に多量の堆積が起こったことをこの図から読み取ることができる（国土交通省中部地方整備局天竜川ダム総合管理事務所パンフレット，2002より引用）

濁水の発生と水生生物への影響

水生生物への濁水の影響についての調査はすでに工事中の濁水について以前から行われていました。工事中の濁水は作業工程の一部で出ることですから、その濁水を一時的に滞留、沈殿させることでその影響を低減、回避することができます。また、そのような指導がされてきました。しかし、今回計画されている排砂は上流からの濁水をそのまま下流へ流す仕組みですから、大きな礫は別として、これまでダム内に堆積した土砂の多くが下流へ流れることになります。ダムがなければ本来下流へ流されていた土砂ですから、自然現象と言ってしまえばそれまでですが、濁水発生の元は山地の管理が不十分であることから発生しています。根本的な対策は山地の保全対策ですが、排砂はダムの目的を維持するために当面必要とされている次善策と言えば言い過ぎでしょうか。

水生生物の中でもこの濁水の影響を直接受けるのは付着藻類、水生昆虫、そして魚類ですが、付着藻類の場合は回復が比較的早いと予想され、最も影響されるのは水生昆虫類と魚類と考えられます。現在は上流からの濁水はダムに流入し、水中に残存する細かなシルト質を主体とする濁水がダムを通過して下流に流されています。そのため濁水の質は変わるのですが、ダムから放流される濁水はその影響時間が長期化する傾向にあることが知られています。排砂バイパスを設けた場合には上流からの濁水のほとんどがバイパスを経て下流に流されるわけですから、濁度のピークは現在よりも高くなりますが、その影響時間は一過性で短くなると予想されています。

ニュウコムとマクドナルド（1991）によると魚類への濁りの影響は濁水濃度とその継続時間の積に比例するとされています。この関係には魚種による閾値が存在するようです。各ダムの出水時の濁度特性と影響時間、下流域に生息する魚種の濁水耐性特性を把握し、排砂の影響を極力低減させる計画を立てることが必要です。ワード（1992）は、濁りが水生昆虫に与える潜在的影響として次のことをあげています。生理生態的影響としては、①呼吸器官上皮の剝離、②呼吸器官の固着、③摂食率減少、④摂食能力減少、⑤毒素的作用、⑥視界減少、⑦流下行動の撹乱、です。生息場所に対する影響としては、①透過光減少、②一次生産減少、③生態系内の栄養段階構造の変化、④栄養塩類動態の変化、⑤水温変化、⑥酸素量減少、⑦行動パターンの変更、⑧捕食関係の変更、⑨競争関係の変化、が指摘されています。

黒部ダムからの底泥排出の場合は現在計画されているダム排砂とは異なる性質を持っています。すでに堆積している底泥、それも堰堤上流付近に堆積している底泥は貧酸素条件により還元的な性状になっているはずです。外見的にも黒色の腐泥の場合には還元物質が多く含まれていて流下する際に水中の酸素を取り込み、濁りだけでなく、貧酸素の水となって下流に流れることになります。下流の水生生物は濁りと同時にメタンガスや硫化水素を含む貧酸素の水にさらされるわけですから、その影響はきわめて大きいと予想されます。また、流下した土砂は河口付近の海底に広く再堆積するはずで、そこでの二次汚染についても考慮しておく必要があるでしょう。

いずれにしても、上流域のダムをバイパスで通過した土砂は下流の河川、ダム群に再堆積することが予想されます。また、さらに流下すれば河口域にもプラスであれ、マイナスであれ、影響があることを予想して、流域全体での対応が必要と考えられます。単一のダムに対してだけの計画では他につけを回すに過ぎず、根本的な対策とはなり得ないこと、ダムの利用目的だけでなく、その水域に生息する生物の住みかとしての河川河口域、そして海洋への十分な配慮が払われることを期待したいところです。

ダム、河口堰は必要か

日本全国には大小合わせれば二千数百のダムが存在し、今現在建設中のものもあります。人間が生活する上で水の確保は必要ですし、人口の集中する大都市がある限り、水資源、あるいはエネルギー資源としてのダムは必要でしょう。しかし、需要に合わせて水資源確保のためのダムを造り続けていてはきりがないとも言えます。現在あるダムに合わせた水需要の節減意識が必要な時期と考えます。足りない分は極力無駄を省くことで対処し、これ以上のダムは造らないとの覚悟が必要と考えます。以前は、水の使用量は文化のバロメーターと言われていました。事実、都市に住む住民は多くの水を使用し、文化的生活に慣れ親しんで、それこそが都市での生活と思い込んでいたのではないでしょうか。本当は都市の住民が使える水は少なく、都市での生活こそ水を節減すべきことは地域の水収支からも明らかなことです。これ以上ダムを造らないためには都市生活での水、エネルギーの節減が最も重要であるという日常での認識が必要です。

ダムの造成は一時的な自然の改変とは言えません。仮にそのダムの必要性がなくなり、元の自然に戻そうとしても人間の技術ではなかなか対処できるものでもなく、数百年、千年の単位の時間が必要になります。回復までにはそれを原因とする土砂災害も起こるかもしれません。回復に要する費用を計算したら莫大な費用となるはずです。では、ダムが永遠に使えるかと言えば、ダムの堆砂は必然的なこととして計算されており、堰体にも耐用年数があります。ダムにも当然のこととして寿命があるわけですから、寿命がきたときどうするかをあらかじめ検討しておく必要があります。すでに検討されていることでしょうが、日本で築造された近代的工法の巨大ダムにも六十年を過ぎて、そろそろ寿命の尽きるダムがあるのではないでしょうか。そのような事態を考えれば、今さらにダムを造る余裕はないようにも思えます。

人工のダムに対して、自然のダムとしての緑のダム構想が言われています。貯水、出水被害防止には水源山林の保全は基本的なことと考えられます。しかし、山林が保全されればその地下に水が貯えられるという単純なことではありません。むしろ山林ができれば蒸散によって大気中に戻される水量も多くなります。そのために河川に流出する水の量が減る時期もあります。土壌の保水力は増し、洪水の防止には山林の保全は役立ちますが、期待されるほどに土壌中に水が貯るものではありません。それでは、やはりダムは貯水のために必要かというとそうでもありません。山林から蒸散によって大気中に放出された水はやがて雨としてその場に降ってきます。つまり、その地域の大気中にも水を貯めて水の小循環を起しているということになります。そのような理由から緑があることで土壌中、大気中に水を貯める効果が森林にはあると理解できます。水の小循環を維持することで地域的な水の保持が行われるためには森林が必要ということです。この水の小循環が断ち切られると砂漠化が起こるものと考えられます。

ダムの定義には外れますが、河口域に造られているものは河口堰あるいは潮止め堰堤と称されています。河口堰の本来の目的は海水の侵入を阻止し、農作物への塩害を防止することにあると思いますが、近年はこれに下流域での水資源確保が加わり、さらには洪水防止などの対策など、多目的な、大規模な堰が造られるようになりました。わが国での大規模な河口堰の最初は利根川に造られた堰で、一九七一年に完成しています。最近では長良川河口堰の建設にまつわる報道で関心が高まったことは記憶にあるでしょう。

河口堰には貯水機能はありませんが、大なり小なり堰の上・下流に停滞水域が生じます。直接的には海水域と淡水域に河川の河口域を区分けし、以前存在していた汽水域が消滅します。また、堰の上・下流に停滞域が生じることで、底質や水質環境に影響が生じる場合があります。結果として汽水域を生息域としていた生物群集に直接的な影響を与えることになります。その影響については西條と奥田編著による「河川感潮域」[7]と村上、西條、奥田による「河口堰」[8]に詳しく書かれています。財団法人日本自然保護協会からも河口堰に対する見解が公表されています。関心のある方はそちらを参照してください。

河口堰の建設については今後地球温暖化による海面上昇と関連して全国の河川に建設計画が生じかねません。その時、汽水域の生態系について研究を開始したのでは遅きに失する懸念があります。すでに以前から汽水域を研究している研究者、研究機関もありますが、汽水域はあまりにも実生活と疎遠なところにあり、一般の人には関心の低い水域です。その保全のためには多くの人が汽水域という特徴のある水域とそこに生息している生物群集、生態系に理解を深め、関心を抱くことが必要でしょう。人間本意で考えれば温暖化による海面上昇の対応策として当然のごとく全国の河川河口域を堰で閉ざす計画が実行されるのではないかと懸念しています。

河川改修と河川環境の保全

人間中心に行われてきた河川改修

河川と人間の関わりは人間が地上に現れて以来のもです。中でも人間にとって大きな問題は洪水に対する治水事業でした。河川にとっての洪水は大量の水を下流に流す一つの仕組みに過ぎませんが、人間にとってはそのようにしてできた河川の氾濫原は居住地としても、耕作地としても都合の良い平地です。そこに住む限りにおいては氾濫は人間が受け入れるべき自然現象として取り扱われていたはずです。いくらかでもその氾濫を避けるべく古来からの集落は山辺に近い位置にひっそりと集まっているのがわかります。水辺に近い平地は湿地ですから住むには環境的に良くないということもあったでしょう。

やがて人口が増え、氾濫原にも人が住むようになり、人間の生活が河川に近づいたことで、洪水防止や水上交通、潅漑の目的で河川に土手を築き、流路を変更するといった河川改修が始まったのでしょう。改修工事は一人の人間ではできません。対岸に土手が築かれれば反対側は洪水の危険にさらされます。ひと所で水を止めれば下流の水田は干上がります。今でこそなくなりましたが、水争いは近隣の集落間での日常の紛争の種でした。そこで全体を統括する為政者にとっては河川の治水が地域を征する重要な事業の一つであったと思われます。

しかし、治水の思想の中には人間以外の生物に対する関心はほとんどと言ってよいほどにありません。芳賀(1998)による「川と風土(日本人の心の源流をもとめて)」[14]には神々の化身として川の生物が紹介されていますが、身近な川の生物の存在は当然のこととして認められていたに過ぎないようです。しかし、あまりにも当然な存在であったために、河川の改修では河川に生息する生物への配慮はこれまでされて来なかったように思えます。

ところが、河川水の汚染や改修が進むに従い、河川に当然存在していたはずの生物が見られなくなり、ようやく河川の生物に対する関心が呼び起こされるようになりました。失ってみて初めて気づく存在、それが河川生物と言えるかもしれません。ホタル、メダカ、など多くの生物がついこの十数年に見られなくなったごく普通の生物たちです。その原因の多くが河川の場合には改修が関係していました。改修そのものが悪いのではなく、改修の際に河川生物の生活に対する配慮が欠如していたことが招いた結果と言えます。

自然環境保全の思想

一九八〇年代からアメリカを中心にして起こった自然環境保全の思想、ミチゲーションが河川の改修や開発事業の展開に一石を投じました。その例として桜井[16](1999)はエバーグレーズの広域水環境回復を上げています。ミチゲーションとは(影響を)緩和するという語ですが、積極的にすでに壊された自然を修復、再生すると言う意味も含められています。河川改修に際してもそれまでの水路的な扱いから、河川としての性格を十分加味した計画であることへの変換が必要であり、それによって河川が本来有していた多様な機能を損なうことなく、河川という自然と人間の生活を共存させようと言う意図があります。日本でも一九八〇年代後半から河川改修にミチゲーション思想が取り入れられ、多自然型工法、自然護岸、ラブリバー計画などが行われるようになりました。事業者も積極的にミチゲーションの考え方を工事に加えるという意識が高まりましたが、初期のものには形式的なものが多く、意図を達成した工事はきわめて少ないように思えます。その原因は河川生物の生態に関する知識がほとんど理解されていなかったためではないでしょうか。

一九八〇年代以降の河川の環境悪化は日本だけの問題ではなく、世界共通の課題でした。ですからミチゲーションという考え方が採用されたのでしょうが、ドイツでも深刻な環境問題の一つとして、河川の再自然化計画が進行していました。近代工業の基礎となった炭田地帯として有名なドイツのルール地方を流れるエムシャー川はライン川の支流で、デュースブルックからオーバーハウゼン、エッセン、ゲルゼンキュルヘン、ボッフム、ドルトムントに至る地域を流れる三つの川の一つです（図3-3）。これらの川はかつてのルール地方の工業用水の供給源であり、排水路あるいは輸送路として利用されてきました。詳細は省くとして、工業地帯を支えてきたエムシャー川に、その地域の活性が失われた後に残された結果は水路の直線化と、水質汚濁、そして河川周辺の環境悪化だけでした。

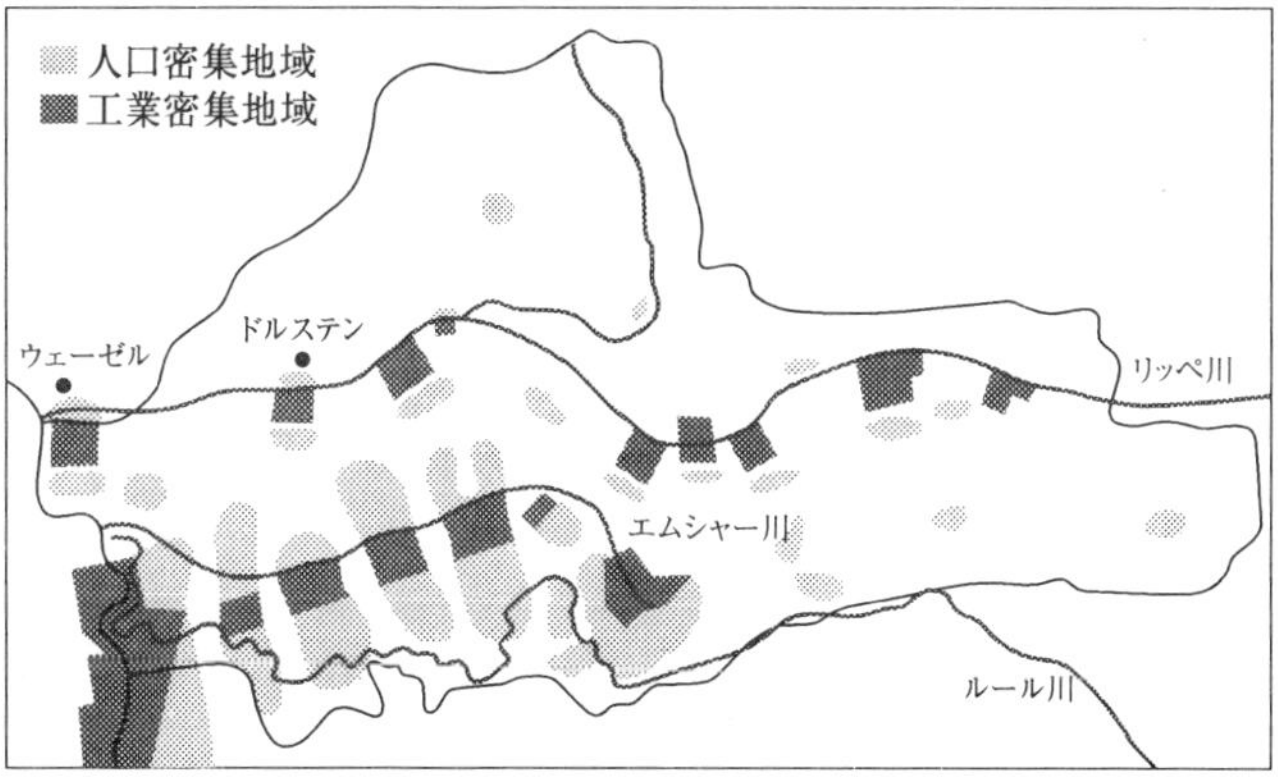

図 3-3　ルール地方を流れるエムシャー川の流域図（エムシャー川水利共同組合資料1990より作成）

　そこで始められたのがエムシャー水利共同組合によるエムシャー川流域再自然化計画[13]でした。エムシャー共同水利組合というのは、エムシャー川流域の水利管理と汚水汚泥処理を目的とする自己管理的法人組織で一九〇四年に設立されたものです。一九九〇年の時点で一九の市町村と一七の炭坑会社、一二三の企業が加入している組織です。管轄地域は二四五万人の人口を有する八六五平方キロメートルにも及び、管轄下の河川は支流を含めて全長三五六キロメートルに達します。再自然化を目指すエムシャー川はその中心を流れる、ドルトムントからライン川に注ぐまでの区間ですが、全長は九八キロメートルです。かつてのエムシャー川は草原や木立の間を蛇行しながら、ゆっくりと流れる美しい川だったそうですが、工業地帯の発展と共に水路は直線化し、水質は悪臭を放つほどに悪化し、コンクリートのどぶと化してしまいました。地域全体も石炭の採掘で地盤沈下、果ては陥没などが起こり、水質汚濁と重なって悲惨な状況に陥っていたと言います。この地域には下水処理の導入などが行われていましたが、エムシャー川自体は下水の排水路としてしか見られていなかったようです。水路は三面張りならぬV字形のコンクリートで造られていて、まさに排水路としか言いようのないものでした。その川を再生させようと言う計画ですから大変なことです。それができるのがまたドイツ的と言えるかもしれません（写真参照）。

エムシャー川の再自然化計画
上：再自然化前，下：再自然化後（3年後）

この河川再生計画の全体を指揮していたのは景観生態学を専攻した三十歳代のフールクです。再生計画は徹底したもので、まずは重機でコンクリートを除去するところから始まります。工事現場を見る限りそれほど多くの人が働いているようには見えませんでしたが若いフールクの指図に従って作業を続けていました。

計画は河川の基本的な形態、つまり蛇行と淵・瀬の組み合わせを再現すること、周辺に河畔林をも再生させることにあります。しかし、人為的に植生や生物を導入することは避けて、自然に入ってくる生物を主体に、この面では時間をかけて河川生物の復帰を待つという態度でした。これによって再生される場こそがビオトープであり、河川再生の基本であるということでしょう。自然に対する認識の深さが一九九〇年の時点で日本とはずいぶんと差があると感じたものです。

ロイザッハ川の河川改修（1993年６月撮影）

すでに修復された箇所は河畔が雑然として、雑草に覆われているような場所もありましたが、そこも次第に自然の状態に再生されるということであまり気にしてはいないようです。日本ならばどうでしょうか。芝を張り、桜を植えているのではないでしょうか。若い現場指揮者が自然にまかせてという発言をしても周囲の人は従わず、自分勝手な行動をすることはないでしょうか。その辺が専門家に対する周囲の人達の対応に日本とドイツでは差があるような気がしました。日本では専門家がそれほどに信用されていないと言うことかもしれません。

当然、川幅は十分に造られ、水路が蛇行し、空気の水への溶け混みを意識した滝状の流れの下には池が造られ、次に瀬へと順序よく配置されています。水路の両側は潅木が生えた草地になっていますが、洪水時には冠水する所としてゲートボール場などは存在していません。ミチゲーションはあくまでも自然の再生、修復であって、人間の都合で、勝手な解釈は持ち込まないと言った、自然に対する徹底的な認識が基本となっていることに感心させられました。

エムシャー川は勾配のゆるい小河川で、都市河川に近い性格の川です。これはドイツのことで日本にはあてはまらないと思う人も多いと思います。しかし、日本のように勾配の急な山地渓流での河川改修も行われていました。ドイツ南部のアルプスに近いガルミッシュ・パルテンキルヘンという町を流れるロイザッハ川でその例を見ることができました。ロイザッハ川の源流はアルプスで融雪時には日本の山地河川以上の出水があり、急流となります。そこでもミチゲーション工法が採用されていました。写真は工事直後のものですが、一見するとやりっ放しの粗末な工事に見えますが、中身は生物にも配慮され、熟考されたものでした。見た目よりも中身、そして工事は大規模でなく手造りで良いものを、という思想が工事者にも徹底しているという印象を受けました。

日本における河川管理政策

ミチゲーションに関連する事業は日本でも数多く行われるようになっています。できれば造るばかりでなく、造ったあとの検証も必要です。工事が完了した時点で完成したという安易な取り組みはミチゲーション事業に関してはそぐわないのではないでしょうか。

日本でも河川に対する所管官庁である建設省（現国土交通省）の取り組みが変わりました。それは平成八年に行われた河川審議会の答申による河川法の改正です。建設省河川局と土木研究所から出されている「第二次河川技術開発五ヶ年計画―二十一世紀の水循環・国土管理に向けた河川技術計画―」(1999) による答申の内容概略を抜粋すると以下のようにまとめられています。

(1) 河川整備にあたっての基本認識

① 流域の視点の重視（河川が水循環系の一要素であることの認識）

② 連携の重視（地域住民、関係機関との連携強化）

③　河川の多様化の重視（異常時（洪水、渇水、等）への対応に加え、平常時（河川環境、利用、等への対応の重視）

④　情報の役割の重視（質の高い河川管理の実現、住民参加の河川行政の実現）

(2)　河川整備の基本施策

①　信頼感のある安全で、安心できる国土の形成

・流域と一体となった総合的な治水対策の充実

・治水施設の質的向上と情報公開による安全度の確保

・水資源の有効利用と開発による利水安全度の向上

②　自然と調和した健康な暮らしと健全な環境の創出

・健全な水循環系の確保（普段の河川水量の確保、清流復活と水質保全、総合的土砂対策）

・生物の多様な生息場、生育環境の確保

・良好な河川景観と水辺空間の形成（水と緑のネットワーク化）

・地球環境問題への適切な対処

③　個性あふれる活力ある地域社会の形成

・水と緑を基本とした圏域形成への支援

・中山間地の低未利用地を活用した治水、利水、環境のための遊水池整備

・河川舟運の再構成

(3)　施策の推進方法（細目は省略）

以上の概要を見ると河川の生態学的保全が含められていて隔世の感があります。ただし、あまりにもバラ

色で果たして実現できるのかが気にもかかりますが、とりあえずは河川の保全に対しての取り組みが可能になったことはうれしいことです。その後の新しい河川法の柱の一つとして環境が加えられたことも今後の河川行政に期待すること、大です。

中でも重要なことは流域と一体となった総合的な治水対策です。現在すでにいくつかの河川流域で流域委員会が設置、あるいは設置されつつあります。河川を考えるとき、そして河川の保全を目標とするときにはこの流域を一体として扱う視点が最も必要になります。しかし、国土交通省の所管は河川の管理区域内という制約が未だにあり、支流や上流部の地方自治体が管理している区間については流域委員会で扱うことが難しいという現状は解決していないように思われます。同じ国の機関でありながら流域の水収支や物質収支に重要な役割を有している山林、農耕地など、陸域の大部分は農水省の所管であり、国土交通省は河川区域のみで考えるとなれば、流域対応も絵に描いた餅になりかねません。

これからの河川の生態系としての保全を本物にするためにも省庁の壁を越えた本当の流域で物事を考えていくことが大切であり、将来の流域保全にとって必要なことと考えます。

住民の協力としては国土交通省による河川水辺の国勢調査や環境省による緑の国勢調査が行われてきました。未だ内容的には改善の余地があり、河川ばかりでなく国土全体の保全にどのように生かしていくかの課題があるように思われますが、これも重要な環境情報です。

天竜川水系では平成七年度から連続して企業と住民による二十四時間観測の水質調査（23頁、図1－11を参照）が年一回ではありますが自発的に継続して行われています。住民による調査ですから水質を簡便に測定するパックテストが使用されていますが、正式の化学分析に比べれば項目数も少なく、精度は劣ります。それでも行政や研究者のみでは行えない二十四時間の全地点一斉調査は流域の水質概要を同時に知ることのできる調査で、河川管理の基礎資料として十分利用可能です。同時に、参加者は自身の生活が水に与えている影響を理解し、調査者自体が生活の中で水環境の保全を心がけるきっかけを提供する場ともなっています。最初は諏訪湖の流入河川の調査からスタートした水質二十四時間一斉調査は天竜川流域に広がり、一九九九年からは信濃川にまで拡大しました。身近な河川水質の実態を知り、それをきっかけにして河川に生息する生物調査にまで発展すれば、流域に住む人すべてが河川を生態系として認識し、水環境保全の意識も自然と高まっていくものと期待しているところです。

移入生物と人間

現在の河川、湖沼の水辺や水中には多くの移入生物種が存在しています。例えば、諏訪湖の魚類で見ると、これまでに確認されている魚種は四一種、そのうち在来種と見られる魚種は約半分の二一種に過ぎません。これらの在来魚種のうちにはすでにその姿を見ることのなくなった魚種も含まれています。リストに追加された魚種のすべては人間が何らかの形で移入に関与しているものです。魚介類であれば、その多くは水産上の理由で移入されたものですが、ワカサギやテナガエビのように現在では諏訪湖の漁獲物として重要な位置を占めているものもあります。アユ、ワカサギ、テナガエビのように水産生物の増殖を目的として移入された魚種以外にも、これら放流魚に混じって移入された魚種も可成りあります。

水産資源を目的として移入された魚介類でも、その目的を達成できず、放置され、繁殖している例もあります。食用として移入されたものとしてはテラピア、ウシガエル、ジャンボタニシ、アメリカザリガニがあります。防蚊対策として有効ではあったものの、在来のメダカとの競合が問題とされたものとしてはカダヤシ、観賞用、愛玩用として輸入された熱帯魚のグッピー、アメリカミドリガメ、釣り愛好家に好まれるオオクチバス、コクチバス、ブルーギルなどがあげられます。水生植物の増殖を抑制する目的で放流された草魚、等々、水域だけでも数え上げればきりがありません。

植物についても同様の例が数多くあります。湖の富栄養化と共に大繁殖し問題とされたコカナダモ、オオカナダモは河川でも繁殖しています。九州地方では農業用水路の閉塞が問題とされたホテイアオイ、最近では熱帯魚の水槽に入れられていたボタンウキクサが自然水域で繁殖しているという報告も聞いています。その多くは熱帯から亜熱帯にかけてごく普通に生息している水生植物ですが、移入には必ず人間の行為が関わっている点は動物の場合と同じです。

魚介類ばかりでなく、陸上植物にも沢山の移入種が存在することは河川敷の植物の項でも触れました。その多くが人間の移動に伴っていつの間にか侵入した種ですが、最近は観賞用の草花が野生化している例も多くあります。特に、河川の水辺、河原は先駆植物が侵入しやすい環境を持っています。名前の頭にアレチ、カワラと付くような植物は河原のような荒れ地に最初に侵入するパイオニア植物の仲間ですが、以前からの河川敷に特有の移入種です。河川敷に目立つ最近の植物としてはハルサキヤマガラシ、オオブタクサ、アメリカセンダングサ、セイヨウタンポポ、アレチウリ、などが上げられます。それだけ河川の環境が移入種にとって入りやすい特徴を持っているとも言えます。

環境省の「野生動物保護対策検討会移入問題分科会」によれば、二〇〇二年現在、わが国に定着している外来生物種は脊椎動物で一〇八種、昆虫類二五六種、コケ類と菌類を除く維管束植物は一、五五三種にのぼると報告されています（環境省、2002）。これは陸上を含めたすべての地域に関しての報告ですが、河川に関係するものはどれだけあるのでしょうか。

現実に、一九九六年に建設省（当時）が行った全国一二三河川での調査結果によると、河川に関係する全植物種に占める帰化植物の割合、帰化率は平均で一七パーセントでした。一つの河川の例では、例えば天竜川の場合、上流域の辰野町から天龍村という中流域の区間で二〇〇一年の調査によると一八八種の帰化植物が確認されています。その帰化率は二二パーセントと報告されています。わが国の多くの河川で上流から下流に至るまで同じような傾向が進行しているとみてよいのではないでしょうか。

ある生物は食用に、ある生物は人間の趣味によって、ある生物はある生物の繁殖を抑制する目的で天敵として移入されていますが、その移入地域は限られていたはずです。しかし、人間の靴や自動車の車輪などに付いた泥に種が混入し、大気中に飛散、あるいは水路を通して自然に広がっていく移入生物にとっては、その分布を広域化する上で河川はいたって都合の良い、水の流れと大気の流れを持つ道であると言えます。道路が四方八方につながり、上流域の水源地帯近くにまで自動車道路が開通している現在の交通事情は人間にとっていたって便利ですが、移入生物に対してもその分布を広げるためにいたって好都合な環境を提供していると言えます。

日本生態学会が編集した「外来種ハンドブック」（村上、鷲谷監修、2002）[18]では外来種が引き起こす問題点として以下のように整理しています。

(1) 生物間の相互作用を通して在来種の生存を脅かす問題

① 食害など、食物関係を通しての影響（ソウギョ、ブラックバス、ブルーギル、など）

② 競争による在来種の抑圧（オオブタクサ、セイタカアワダチソウ、コカナダモ、など）

③ 寄生生物の持ち込みによる在来種への影響

④ 在来の生態系の構成を混乱させることによる影響

(2) 在来種との交雑による在来種の純系喪失（タイリクバラタナゴとニッポンバラタナゴ、イワナとカワマス、など）
(3) 生態系の物理的基盤の変化を引き起こす（シナダレスズメガヤ、ニセアカシヤ、など）
(4) 人に病気や危害を与える直接的な影響
① 伝染病の持ち込み
② 花粉症の誘発（オオブタクサ、イネ科の外来牧草、など）
③ 直接の危害（カミツキガメ、など）
(5) 産業への影響
① 農業への影響
② 林業への影響（マツノザイセンチュウ、など）
③ 漁業への影響（ブラックバス、ブルーギル、など）
④ 利水障害（カワヒバリガイ、など）

河川に関係する代表的な生物の例をかっこ内に上げてみましたが、以上の影響は帰化生物全般に対して言えることで、河川に関係する移入種には直接関係が少ないものも当然あります。しかし、間接的な影響も考えればこれらすべてが河川生物の場合にも考慮範囲にあると考えた方がよいでしょう。他の地域に生活していた生物を新たに移入させることは、日本が位置する環境と在来する生物群集で成り立ってきた地域の生態系というシステムを、人間の都合で、短時間に、広域的に混乱させる要因となりえるという認識が必要ではないでしょうか。

前述の「外来種ハンドブック」では日本での侵略的移入種のうちのワースト一〇〇が上げられています。

表 3-3 日本での侵略的移入種ワースト100に含まれる水域の生物種
(「外来種ハンドブック」(2002) より作成)。
かっこ内は陸域と水域のすべてについての種数を示している。

	水 域 に 関 す る 種
ほ 乳 類(10種)	チョウセンイタチ，ニホンイタチ
鳥 類(5種)	——
は 虫 類(4種)	カミツキガメ，ミシシッピーアカミミガメ
両 生 類(3種)	ウシガエル，オオヒキガエル，シロアゴガエル
魚 類(8種)	オオクチバス，カダヤシ，コクチバス，ソウギョ，タイリクバラタナゴ，ブラウントラウト，ブルーギル
昆 虫 類(22種)	アメリカシロヒトリ
軟体動物(9種)	アフリカマイマイ，ヤマヒタチオビガイ，カワヒバリガイ，コウロエンカワヒバリガイ，サカマキガイ，スクミリンゴガイ（ジャンボタニシ）
その他無脊椎動物(1種)	——
維管束植物(26種)	アレチウリ，イタチハギ，オオアレチノギク，オオカナダモ，オオキンケイギク，オオフサモ，オオブタクサ，オニウシノケグサ，外来種タンポポ種群，カモガヤ，キショウブ，コカナダモ，シナダレスズメガヤ，セイタカアワダチソウ，タチアワユキセンダングサ，ネバリノギク，ハリエンジュ（ニセアカシア），ハルザキヤマガラシ，ハルジオン，ヒメジオン，ボタンウキクサ，ホテイアオイ
維管束植物以外の植物(1種)	——
寄生生物(6種)	マツノザイセンチュウ

その中で水域に関係するものを表3－3に掲げてみました。一〇〇種中少なくとも四四種が河川敷を含む水域に関係する侵略的移入種としてあげられていることがわかります。同時にこれらの種は河川という環境に侵入したことで、短期間に広域的に広がる危険性も獲得したことになり、その影響が危惧されるところです。

特に、最近問題視されているブラックバスについては滋賀県が琵琶湖への再放流禁止の条例を制定し、その他の地域でもその増加傾向に危機感を募らせ、釣り愛好家との間でその是非について論争が行われています。しかし、生態学的な視点からすれば他の移入生物種の場合と同様に在来の生態系の構成を乱し、無用な混乱を引き起こす点でブラックバスの自然水域への移入は好ましくないと言えます。

同様に河川敷の植物で問題となっているものにつる植物のアレチウリがあります。クズと同様に林縁に生活するマット植物ですが、最近急速に河川を中心にして分布を拡大し、水辺の植物に大きな影響を与えるものとして除去の対象となっています。しかし、旺盛な繁殖力でさらに分布を拡大中です。もう一つは木本のハリエンジュ、別名ニセアカシアが上げられます。わが国の河川の中流域ではこのニセアカシアが樹林化している例が多く見られます。その原因の一つに治水対策の効果としての河床の安定化、洪水の制御が上げられることは皮肉なことです。河川生態学術研究の多摩川研究班の報告によれば、研究対象地とした永田地区では、一九四七年当時は堤防内の樹林は全面積の四パーセントに過ぎなかったものが、一九九二年の調査時には二二パーセントに増加し、そのほとんどがニセアカシアとなっていました。また、一九七七年から二十年間に河川敷の外来植物の群落は、面積にして五・三倍にも増え、その内容はニセアカシア群落とオオブタクサ群落であったとしています。

研究会では同時にその地域で絶滅寸前となっているカワラノギク群落の保全のためにニセアカシア群落の伐採試験なども試みています。河川敷の樹林化は本来の河川生物群集の生息環境を変えることで、生物相が陸域の生物群集の組成と似てくることについては千曲川での研究結果でも鳥類や昆虫類について指摘されています。その変化はカワラノギクのように帰化植物の侵入による直接的なものばかりでなく、ヤナギ類が減少したことによるコムラサキの減少や礫質の河原が減少したことによるカワラバッタ、ツマグロキチョウの減少のように間接的な影響も数多く見らると指摘されています。

移入種、外来種の侵入、それによる本来の河川生物への影響はすべて元を質せば人間の行為にあります。人間の生存も他の生物との共存の上で成り立っていることを考えれば、人間本位の、それも人間が生存する上で必要不可欠のことでない限り、恣意に行うことは厳に戒めるべきでしょう。

参考文献

1）上野益三：陸水学史，p. 367，培風館（1977）

2）奥田重俊，佐々木寧編：河川環境と水辺植物，p. 261，ソフトサイエンス社（1996）

3）西村　登：日本の昆虫⑨ヒゲナガカワトビケラ，p. 144，文一総合出版（1987）

4）森下郁子：川の健康診断，NHK ブックス，p. 210，NHK 出版（1977）

5）中村浩志編著：千曲川の自然，p. 210，信濃毎日新聞社（1999）

6）竹門康弘ほか：棲み場所の生態学，p. 279，平凡社（1995）

7）西條八束，奥田節夫編著：河川感潮域，p. 247，名古屋大学出版会（1996）

8）村上哲生，西條八束，奥田節夫：河口堰，p. 188，講談社（2000）

9）小泉晴明：川と湖の生態，p. 168，共立出版（1971）

10）林　秀剛，宇和　紘，沖野外輝夫編著：川と湖と生き物—多様性と相互作用—，p. 270，信濃毎日新聞社（1992）

11）津田松苗：汚水生物学，p. 258，北隆館（1964）

12）岡田光正，大沢雅彦，鈴木基之編著：環境保全・創出のための生態工学，p. 238，丸善（1999）

13）飯田　実：ドイツの景観都市，p. 265，工作社（1995）

14）芳賀　徹監修：川と風土，p. 152，㈶リバーフロント整備センター（1998）

15）河川生態学術研究・千曲川グループ：千曲川の総合研究，p. 773，河川生態学術研究会（2002）

16）桜井善雄訳・編：エバーグレーズよ永遠に—広域水環境回復を目指す南フロリダの挑戦—，p. 94，信山社サイテック（1999）

17）沖野外輝夫：湖沼の生態学，p. 180，共立出版（2002）

18）村上興正，鷲谷いづみ監修：外来種ハンドブック，p. 390，地人書館（2002）

19）水野信彦，御勢久右衛門：河川の生態学，p. 247，築地書館（1965）

さくいん

〈著者紹介〉

沖 野 外輝夫（おきの　ときお）

最終学歴　1968年　東京都立大学大学院理学研究科博士課程修了
専　　攻　植物生態学
現　　在　信州大学名誉教授，理学博士
主　　著　湖沼の汚染（築地書館）
　　　　　富栄養化調査法（講談社）
　　　　　生態遷移研究法（共立出版）
　　　　　諏訪湖（八坂書房）
　　　　　湖沼の生態学（共立出版）

新・生態学への招待
河川の生態学

2002年12月25日　初版1刷発行
2007年9月25日　初版4刷発行

検印廃止
NDC 468
ISBN4-320-05530-6

著　者　沖 野 外輝夫

発　行　**共立出版株式会社**／南條光章
東京都文京区小日向4丁目6番19号
電話　東京(03)3947-2511番（代表）
郵便番号112-8700
振替口座 00110-2-57035 番
URL　http://www.kyoritsu-pub.co.jp/

印　刷　星野精版
製　本　協栄製本

社団法人
自然科学書協会
会員

Printed in Japan